图书 影视

我是这样好起来的

王伟 著

Better

四川文艺出版社

自 序

2023年初，人们还沉浸在与亲朋好友共度春节的喜悦之中，一起自杀事件却引起了社会的广泛关注。

江西省上饶市的一名高中生胡某被发现死于一片树林中，经法医鉴定，系自杀。

一个花季少年走向生命的终点，大家在惋惜之余，也更加关心是什么原因让他选择自杀这样一条不归路。

这一事件引起了社会的广泛关注，心理学家们也纷纷阐述分析。通过心理学家的分析我们可以了解到，胡某的性格内向，但积极上进，待人温和，比较在意别人对自己的看法，与同学交流不多，害怕招致同学们异样的眼光。胡某在就读高中后，进入了一个陌生环境，面对学业、环境的压力，表现出极度不适应，内心纠结痛苦。与此同时，因为性格内向，无法通过与同学交流有效排解情绪，也不敢去找老师沟通，甚至面对自己的母亲，虽然通了电话，表达了不想读书的诉求，但始终没有说出自己内心的痛苦，没有把最真实的感受和底层原因告诉母亲，导致情绪无法宣泄。周围人不知道胡某已经病了，无法及时提供帮助。后来汇总的各种信息显示，当时的胡某极有可能已经患上了抑郁症，表现出了一些明显的症状，例如失眠、注意力无法集中、学习困难、记忆力下降、无助感等，包括饮食也出了状况，情绪低沉，出现了厌世情绪，这些都是抑郁症的典型症状。

据相关报道，胡某曾有过对死亡的深入思考，也想过如果自己死了会怎么样，会带来什么样的影响。如果当时他能找到人倾诉内心的痛苦，获得情感支持，也许悲剧就可以避免了。但是现实生活中没有如果，结果让人痛心。这也再次提醒我们要对身边的亲人朋友多一些关爱和耐心，倾听他们的心声，共情他们内心的痛苦，这能够挽救珍爱之人的生命。

胡某的经历，让我想起了曾经的自己。

那时的我刚刚走出大学校园，独自背上行囊来到离家千里之

自序

外的陌生城市——深圳。当原本就内向的我,来到一个完全陌生的环境中,工作的压力、孤独的心情、领导的批评都无处倾诉。我看到别的同事风风火火、忙忙碌碌,而自己面对工作任务时焦头烂额、无从下手。记得进入部门的第一个月,我就为了完成一个任务,连续三个晚上没合眼。我想努力,却无从努力,想像其他同事一样有说有笑,脸上却只剩苦笑,充满了惶恐与自卑。

那时,我的内心只想逃离。记得出差时,我坐在大巴上,好希望这个大巴一直开下去,不要停。因为只要它没到达目的地,我就可以不用去面对那一切,希望时间停止,永远停留在那一刻。

我的抑郁之路或许就是从那时开始的。直到多年后,随着岁月的流逝,内心的成长,我才逐步走出抑郁的阴霾。

所以,我很能理解胡某生前的痛。那种无助和折磨岂是一个少年能承受的!可惜他生前没来得及向心理医生求助。

这值得我们反思,在社会急剧变革的今天,不管是在校学生,还是职场青年,都面临巨大的压力,都缺乏情绪宣泄的通道。抑郁症正在逐年呈现年轻化趋势。我们需要给这类群体投入更多的关注,至少让他们知道生病时该如何求助。

近些年来,在我国的青少年中,抑郁症已经成为一种常见的心理疾病,且和2020年前相比,有明显上升的趋势。

中国科学院心理研究所会定期发布《中国国民心理健康发展报告》，报告中关于抑郁症的数据触目惊心，我国青少年 2020 年的抑郁症患病率为 24.6%，其中 7.4% 属于重度抑郁，2021 年患病率依然居高不下，数据为 24.1%。我国青少年抑郁症患病率一直维持在一个高比例的状态，这需要引起社会的高度重视。青少年是国家未来的支柱，需要我们给予更多的关心和呵护。

根据世卫组织 2021 年发布的数据，世界上大约有 2.8 亿人患有抑郁症。国家卫健委去年发布的《探索抑郁症防治特色服务工作方案》中将老年人、青少年、孕产妇、高压职业从业者都列入抑郁症高发的重点人群。

在专门针对抑郁症的调研报告中也同样让我们看到了事态的严重性，《2022 年国民抑郁症蓝皮书》是由《人民日报》主导完成的调研报告，通过用户调研、文献分析、专家评定等方式，在汇集了大量数据的前提下，得出结论为我国青少年抑郁症患病率为 15%~20%。在抑郁症患者群体中，有一半是在校学生。报告还透露，有约一半的抑郁症学生患者会通过向朋友倾诉、与父母沟通或其他渠道进行求助，但仍有 46% 的学生没有寻求任何帮助，寻求专业心理医生的帮助更无从谈起了。

写这本书也是希望有更多的人了解抑郁症，知道如何进行自我帮助,或者知道如何去帮助自己身边正在经历痛苦的人。因为,我就是这样一点一点好起来的。

目 / 录

第一章　我只是快要坚持不下去了

1.1 抑郁症是什么　　　　　　　　　　　　　　/003

1.2 看到日出后我流下了眼泪　　　　　　　　　/014

1.3 像快要淹死的鱼，喊不出"救命"　　　　　　/019

1.4 心里太疼了，不得不转移到身上　　　　　　/027

1.5 窒息的家庭关系让我抑郁　　　　　　　　　/032

第二章　挣扎着不躺平，因为还有一点不甘心

2.1 为什么受伤的总是我　　　　　　　　　　/039

2.2 人人都在乎心理健康　　　　　　　　　　/042

2.3 正视自己的现状　　　　　　　　　　　　/046

2.4 谁也不是一开始就能做到最好　　　　　　/049

2.5 我该怎样放过自己　　　　　　　　　　　/055

2.6 抑郁症患者需要怎样的陪伴　　　　　　　/060

第三章　放松，轻轻疗愈自己

3.1 让我感到舒服的疗愈工具　　　　　　　　/065

3.2 正视心理创伤　　　　　　　　　　　　　/084

3.3 自我关怀，保持身心平衡　　　　　　　　/094

3.4 好好吃饭，我就能获得力量　　　　　　　/105

3.5 负面情绪来袭，别慌，深呼吸　　　　　　/111

3.6 潜意识听得到每句话——避谶　　　　　　/119

第四章　即使比别人慢一点也没关系

4.1 我无药可救了吗？　　　　　　　　　/127

4.2 和别人比较这件事，我停不下来　　　/129

4.3 压力山大，如何四两拨千斤　　　　　/149

4.4 放下情感包袱，建立安全结界　　　　/160

4.5 悲伤失落的时候，我这样做……　　　/171

4.6 我也偶尔开小差　　　　　　　　　　/178

第五章　你可以生活，不仅仅是生存

5.1 我因为想停止焦虑而更焦虑　　　　　/183

5.2 不在乎的勇气　　　　　　　　　　　/188

5.3 上善若水，让情绪流动　　　　　　　/194

5.4 活得更好是我的本能　　　　　　　　/199

5.5 和光同尘　　　　　　　　　　　　　/203

写在最后　　　　　　　　　　　　　　　/205

第一章

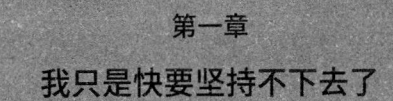

我只是快要坚持不下去了

1.1 抑郁症是什么

负面情绪是我们每个人都会经历的事情,对一些人来说,这种感觉是暂时的,并会自行消失,但对另外一些人来说(例如我),这种持续的空虚、不快乐和绝望的感觉会成为日常生活中的一部分。

如果你的情绪在过去一段时间里发生了明显变化,并且觉得完成日常工作和生活变得越来越困难,那你可能是得了抑郁症,而不是孤单了或者不高兴了那么简单。

抑郁症是一种情绪障碍,可以导致轻微到严重的不同的症状,会影响人的感觉、思考方式和管理日常活动的能力。

抑郁症的感觉

不管是大众还是抑郁症患者,其实都缺乏对抑郁症的深入了解,甚至对它存在一些偏见,只有当病情给生活和身体带来了严重问题时,才会去寻求专业帮助。实际上,我们大可不必等到情况已经很严重的时候才采取措施。

抑郁症的相关知识是每个人都应该了解和学习的。不光是为自己,也是为了身边的人。

在日常生活中,我们可以通过一些微小的迹象来判断自己或他人是否抑郁了,并提前做出一些调整,避免产生严重的后果。

我认为抑郁症通常会有如下症状:

1. 情绪沮丧

眼中的世界呈现灰色,生活失去了兴趣和快乐,无法获得愉悦感,对身边的人和事都感到沮丧,似乎一切都不如意。

2. 注意力涣散

无法集中注意力去思考,思维间断,不连贯,且不受控制,难以进行清晰地思考,在需要集中注意力时感觉心力交瘁,力不从心。

3. 缺乏信心

时常感觉人生没有出路,一切无望,就像隧道尽头没有光一样，这会导致一种挫败感，找不到自我价值，在更严重的情况下，甚至会导致自杀的想法及行动。

4. 睡眠障碍

入睡困难，经常在夜间醒来，尤其是经常在凌晨 4 点钟左右的固定时间醒来，并无法再次入睡，醒来时感到疲倦，无精打采。睡眠不足，会直接影响到日常工作生活，对很多看似很简单的事情感到难以处理。

5. 生理反应

抑郁症对有些人还会带来身体上的痛苦，例如肌肉紧张、头疼头晕、恶心等症状。

对于抑郁症患者的感受，精神病学家里拉·R.马加维博士对其患者进行了统计。在问诊过程中，经常得到的患者反馈描述如下：

"感觉像胸口有一块大石头压着，无论走到哪里，都会让我感到沮丧。"

"抑郁症使我在工作中受到表扬时，仍然觉得自己毫无价值。"

"当看到其他人笑着享受他们的生活时，我会感到非常孤独。"

"抑郁症让我感觉到作为一个人、家庭成员和朋友，我自己是个失败者。"

"抑郁是我生活中的阴影,每天都萦绕在心头。"

"感到窒息,有时我似乎可以呼吸,但却像是在用吸管呼吸。"

抑郁的三个阶段

第一个阶段是抑郁情绪。

抑郁情绪的典型特征就是对任何人任何事没有兴趣,似乎一切都没意思,不想动不想去做,看到别人都在积极地生活,自己也想积极起来,却怎么也提不起劲头。但要注意的是,抑郁情绪本身是正常存在的,每个人在某些时候都会感受到,不是有抑郁情绪就代表得了抑郁症。

第二个阶段是抑郁状态。

当长时间处于抑郁情绪中时,称为抑郁状态,在时间维度上需要有持续性,例如医学上诊断抑郁症通常需要症状持续两周以上。通常,人在经受生活中的重大变故时,比较容易陷入抑郁状态,例如亲人去世、失业、失恋、巨大债务压力等,这个时候人是很脆弱的,需要得到更多关怀。

第三个阶段就是抑郁症。

抑郁状态持续无法好转,并伴有典型抑郁症症状,例如失眠、躯体化疾病、自残自杀等,就是抑郁症。根据症状的轻重,分为轻度抑郁症、中度抑郁症、重度抑郁症。

抑郁自评量表（SDS）

在自己感觉有抑郁倾向时，通过自评表可以对自身状况有一个初步评估，以便了解自己当下的状态。

抑郁自评量表（SDS）作为一种抑郁情绪的测量工具，由美国杜克大学教授庄于1965~1966年开发，是目前精神科门诊和心理咨询机构常用的评测来访者抑郁状况的量表。SDS使用简单，并且能够直观反映患者的状态，对于治疗过程中随时监测患者治疗情况十分方便，所以，已经被广泛应用在初步判别抑郁症、患者情绪状态测评、医学调研等各领域。这个测试无须专业医疗人员指导，非常适合想确定自己的抑郁状态但又不方便就医的人自行测评。

SDS测试共有20个题目，每个题目有4个选项，用来描述相应情况出现的频率，其中有10项是正向评分题目，还有10项是反向评分题目。

请根据每一项题目的描述，评估自身最近两周的状态。选择最符合的一项打"√"

1. 我觉得闷闷不乐，情绪低沉
①很少□ ②有时□ ③经常□ ④持续□

续表

2. 我觉得一天之中早晨最好 ①很少□ ②有时□ ③经常□ ④持续□
3. 我老是莫名地哭出来或觉得想哭 ①很少□ ②有时□ ③经常□ ④持续□
4. 我晚上睡眠不好 ①很少□ ②有时□ ③经常□ ④持续□
5. 我吃饭像平时一样多 ①很少□ ②有时□ ③经常□ ④持续□
6. 我与异性密切接触时和以往一样感到愉快 ①很少□ ②有时□ ③经常□ ④持续□
7. 我感觉自己的体重在下降 ①很少□ ②有时□ ③经常□ ④持续□
8. 我有便秘的烦恼 ①很少□ ②有时□ ③经常□ ④持续□
9. 我觉得心跳比平时快了 ①很少□ ②有时□ ③经常□ ④持续□
10. 我无缘无故感到疲乏 ①很少□ ②有时□ ③经常□ ④持续□
11. 我的头脑跟平时一样清醒 ①很少□ ②有时□ ③经常□ ④持续□
12. 我做事情像平时一样不会感到有什么困难 ①很少□ ②有时□ ③经常□ ④持续□

续表

13. 我坐卧不安,难以保持平静 ①很少□ ②有时□ ③经常□ ④持续□
14. 我对未来感到有希望 ①很少□ ②有时□ ③经常□ ④持续□
15. 我比平时容易生气或激动 ①很少□ ②有时□ ③经常□ ④持续□
16. 我觉得做出决定是容易的事 ①很少□ ②有时□ ③经常□ ④持续□
17. 我觉得自己是有用的人,别人需要我 ①很少□ ②有时□ ③经常□ ④持续□
18. 我的生活过得很有意义 ①很少□ ②有时□ ③经常□ ④持续□
19. 我认为如果我死了别人会活得更好 ①很少□ ②有时□ ③经常□ ④持续□
20. 对于平常感兴趣的事我仍旧感兴趣 ①很少□ ②有时□ ③经常□ ④持续□

计分方式:

1. 正向评分题目为1、3、4、7、8、9、10、13、15、19项,很少、有时、经常、持续依次计1、2、3、4分;

2. 反向评分题目为2、5、6、11、12、14、16、17、18、20项,很少、有时、经常、持续依次计4、3、2、1分。

最后，将20个题目总得分相加，并乘以系数1.25，取整数后得到测评的标准分值（T）。按照中国常模结果，抑郁症评定的界线标准值为53分，超过即可能为抑郁症，分值越高，抑郁程度越严重。

中国常模：

53~62分为轻度抑郁，

63~72分为中度抑郁，

73分以上为重度抑郁。

当然，抑郁症是一种比较复杂的疾病，很难仅依靠一组确定性的标准来准确地判断。

不同类型的抑郁症

在临床上，根据引发抑郁症的特征，对抑郁症进行了分类，一些常见抑郁症类型如下：

1. 内源性抑郁症

内源性抑郁症一般指在体质基础上产生的抑郁状态，无法证实与器质性病因或与心理应激的因果联系。症状通常为情绪低落，可从轻度的心情不佳到忧伤、压抑、苦闷，甚至悲观、绝望。思维迟钝，甚至会表述不清，出现沟通障碍，存在认知扭曲，出现过分贬低自己的情况，认为自己做什么都做不好，否定自己的能力。活动减少，主观感到精力不足，疲乏无力。伴有睡眠障碍、食欲减退、消化不良、体重减轻、口干、便秘、性欲减退及心慌胸闷等躯体不适感。

2. 反应性抑郁症

重大的精神刺激和挫折导致的病理性情绪反应。如严重的意外灾难、沉重的意外事件、亲人突然亡故、事业失败、被诬陷或陷于难以排解的纠纷、失恋或夫妻不和等。情绪上消极悲观，严重时表现出自责、自罪以及厌世等。

3. 隐匿性抑郁症

病人并没有明显感到情绪低落，而是出现了一些身体上的生理反应，例如胸闷气喘、失眠多梦、体重减轻等。患者在抑郁症明确诊断之前，四处求医，久治不愈，进行各种各样的检查，始终得不到明确的结论。在临床工作中，这种类型的抑郁症称为隐匿性抑郁症。

4. 药物引起的继发性抑郁症

药物会诱发情绪反应，例如降压药、抗心律失常药、抗精神病药、解热镇痛药、避孕药、激素等可能引发药源性抑郁症。

5. 躯体疾病引起的继发性抑郁症

躯体疾病可以作为应激因素，也可以直接影响大脑神经递质的代谢而继发抑郁症。如内分泌系统疾病、脑梗、帕金森、癌症、内脏器官疾病以及流感、艾滋病、肝炎等疾病伴发抑郁症。

6. 产后抑郁症

由于生育后激素水平剧烈改变,情感会变得相当脆弱,当出现外部的应激源时容易出现抑郁症状。典型的产后抑郁症最有可能发生于生产之后的6周内,部分产后抑郁症患者会在产后的3~6个月时间里自行康复,但也有比较严重的患者会持续数年,并且再次妊娠极可能引起抑郁症复发。

7. 更年期抑郁症

更年期也是人体激素水平剧烈变化的特殊时期,生理和心理的变化会引发更年期抑郁症。病因可能与内分泌腺机能减退、代谢功能失调及自主神经功能失调有关。女性患者多在绝经前后,四十五至五十五岁时发病,男性多在五十到六十岁发病。

8. 老年期抑郁症

近年来老龄化加快,老年抑郁症变得更加常见。老年人由于生活环境变化、身体疾病增多、儿女疏远、丧偶、直面死亡来临等因素影响,出现焦虑、抑郁。据统计,老年人群体中,患病率达到5%~15%,一般女性高于男性。目前,老年期抑郁症与老年痴呆已经成为影响老年人最主要的两类精神性疾病。

另外，有两类人群需要我们特别关注，青年学生和年轻白领。在这两类人群中，抑郁症患病率正在上升，致病原因主要来自压力和人际关系障碍，且没有好的情绪宣泄渠道，属于抑郁症高发人群，他们需要更多的关怀。

1.2 看到日出后我流下了眼泪

对于抑郁症患者来讲，失眠是再熟悉不过的了，属于抑郁症的典型症状之一。失眠不光是心理上痛苦，对身体健康的危害也很大。

在我失眠最严重的那段时间里，整个人的精神接近崩溃。每当我躺在床上时，心里就会产生恐惧感，因为我知道我又会控制不住地胡思乱想，怎么强迫自己入睡都没用，数"羊"，数"水饺"，对我来说毫无意义。即使我强迫自己把注意力全部集中在身体上，想象身体的每一寸肌肤紧贴着床，感受意念从头顶到耳朵，到脖子，到胸口，到腹部，到大腿，到脚踝，到脚趾，依然无法让自己平静下来。难得昏昏沉沉地睡了一会儿，到了 4 点钟就又如期醒来，然后再也无法入睡。那段时间，我时常想撞墙，甚至幻想过各种死法，又会想虽然我不害怕死亡，但害怕我的死亡会给家人朋友带来痛苦。

长期的失眠，让我白天根本无法进入工作状态，每天只能强撑着身体，装作我还是正常的样子。而实际上，我的头脑已经停止转动，除了本能的反应，无法思考任何事情。

正如标题所言，那时的我，看到日出都会流下眼泪。悔恨自己又一夜没能入睡，害怕自己将要面临新一天的痛苦折磨。

对于失眠，医学上总结的主要表现如下：

失眠症状：入睡困难、入睡后容易惊醒、时常规律地早醒。

晚上躺在床上超半个小时依然难以入睡，越想睡头脑越清醒，不受控制地胡思乱想。睡着后，也很容易醒过来，并且持续保持快速心跳，精神紧张，睡眠状态呈现片段化。另一明显特征为早醒，医学上对早醒有严格的定义，一般是较平时正常睡醒时间提前2个小时，如正常6点钟起床，抑郁症患者可能睡到4点钟时就无缘无故地醒过来，并且醒来后难以再次入睡。早醒是大多数心理医生诊断抑郁症的一个重要的衡量标准。

嗜睡：除失眠外，抑郁症患者也有可能出现嗜睡的症状，一般上午较为明显，出现乏力、没有精神、昏昏欲睡。

针对失眠抑郁症，专家们认为有以下一些典型因素：

1. 生物化学因素

有证据表明，机体脑部生化物质的紊乱是导致抑郁症发病的一个重要因素。其发病机理主要是脑内多种神经递质的正常功能发生紊乱，导致抑郁症产生。例如，特定的药物能导致或加重抑郁症，有些激素类药具有改变情绪的作用。

2. 环境因素

抑郁症通常与患者的生活环境有一定关系，如果长期处于一个比较压抑的环境之中，那么患上抑郁症的可能性就会比较大。例如缺少朋友、工作压力大、经济压力、失恋，或者生活方式的巨大变化，这些都可能引发抑郁症。

3. 性格因素

根据统计，抑郁症跟性格有很大关系，有些性格容易导致患上抑郁症，例如：看待事物悲观、自信心差、无法掌控事情走向、过分担忧。这类性格特点会让人敏感，易于焦虑，从而产生负面情绪。性格的形成主要发生在童年时期，所以性格的缺陷很可能是童年创伤所致。

4. 心理因素

从临床案例来看，心理因素导致的抑郁症患者数远大于其他因素致病率。在这里，列举几个常见的容易导致失眠的心理因素。

怕失眠心理。因为害怕失眠本身造成的焦虑情绪导致进一步失眠。我们都有感受过因为想自己快点睡着，反而越睡越清醒。这是因为人类大脑有生物钟，生物钟控制我们的神经活动什么时候兴奋、什么时候抑制，然而害怕失眠的心理造成脑细胞持续处于兴奋状态，无法进入抑制状态，就有了越想入睡就越睡不着的现象。

自责的心理。因自己的过失直接或者间接导致一些不好的事情发生，我们常会感到内疚自责，在脑海里一遍遍重演过失事件，并懊悔自己当初做了错误的选择或者采取了错误的处理方法。由于白天事情多，在忙碌中顾不上懊悔，到夜晚准备入睡时，则会"徘徊"在自责、懊悔与兴奋中，久久难以入眠。

期待的心理。过分担心自己因为睡过头而耽误了即将要做的重要事情，存在时间上的压力感，因此常出现早醒的现象。比如担心上班迟到或者赶不上考试，就会在睡眠时容易惊醒。在一些对于个人非常重要的结果即将公布时，比如成绩公布之前、晋升结果公示之前，人也往往处于期待、兴奋的状态，难以入眠，且睡着后容易惊醒。

童年心理阴影。部分人由于童年时期受到失去父母、恐吓、重罚等创伤而感到恐惧,出现了惧怕黑夜不敢入睡的现象。成年后,失眠情况好转,但在某些时候,由于受到一些类似童年时期的创伤性事件刺激,再现被压抑在潜意识的童年创伤性心理反应,重演童年时期的失眠现象。

犹豫不决心理。在面对重大事务需要做出抉择时,不知如何选择才能确保正确,思维混乱,犹豫不决,致使该睡觉时停止不了思考,脑细胞依然处于兴奋状态。

1.3 像快要淹死的鱼，喊不出"救命"

德国心理学家乌尔苏拉·努贝尔发现一个现象，抑郁症患者通常表面看起来都是正常的，其内心的痛苦不易被人发觉。这种普遍现象源于抑郁症患者的刻意隐藏，不管是出于自我保护，还是不想给周围人带来麻烦，他们都选择了自己独自承受痛苦。很多抑郁症患者都是在走向自杀时，才被人们意识到他生病了，在生前没有人或者很少有人知道他们患有重度抑郁症。

大家所熟知的演员张国荣，因为严重的抑郁症走到了人生尽头，直到后来人们才知道他选择死亡是因为患上了抑郁症。

胡某自杀事件，经心理专家分析，也很可能是其生前已经患上了抑郁症。然而遗憾的是，这些事情是在胡某自杀后，人们通过心理专家的访谈和分析才知道的。他生前没来得及向心理医生求助。

正如前文所说，在我国，抑郁症已经成为近些年来青少年群体常见的心理疾病，不但有明显上升的趋势，并且有接近一半的人没有寻求任何帮助，近 30% 的人从未想过寻求心理医生的帮助。

那么，究竟是什么原因让抑郁症患者宁愿独自承受痛苦，也不愿意将其说出来，寻求身边人的帮助呢？

在我国，受文化传统影响，个体内心的感受容易被忽视，强调规范和集体意识，对抑郁症这种个体因素一直存在观念上的排斥。短期的抑郁情绪通常被认为就是心情不好，过一阵子就好了。长期的抑郁情绪则被看作此人性格不好、脾气差、遇事想不开，继而从道德层面上进行批判，导致很多人忽略或者不愿意面对自己的真实感受，而仅用一些身体的症状作为解释，强行压抑或忽视内心的痛苦，让被压抑的感受为今后的爆发埋下更大的隐患。

当然，产生这些问题的原因比较复杂，不能一概而论，但我们可以从以下几个角度去尝试理解其原因：

1. 完美主义倾向

完美主义者对人对事的要求高，尤其是对自己，即使在他人眼中已经很完美，做得已经很出色，但在他们眼中，自己依然不够好，通常的想法是还可以做得更好的，不能有遗憾、有瑕疵。根据心理学家的研究，人具有完美主义倾向通常和早期生长环境有关，例如，童年或者少年时期，父母对其要求非常严格，不善于表扬，总是从负面评价孩子，当孩子做出一些成绩时，父母没有及时给予肯定和鼓励，反而要求其更上一层楼。在这样的生长环境中，患者养成了事事追求完美的习惯，哪怕已经做到了90分，仍然觉得自己不够好，还纠结于那10分为什么没有做到。并且，在日常生活和工作中，这类人群习惯把最好的一面呈现在外人面前，因为对完美形象的追求，不允许自己表现出不好的一面。

2. 情感表达困难

造成情感表达困难的原因有很多，其中关联性最强的也是原生家庭和成长环境。小时候，父母包办了孩子的一切，代替孩子做了所有决定，孩子几乎没有发言权。当孩子遇到困难发起求助时，得到父母的回应是："你怎么这都不会？这么笨，什么都做不好！"因此，一个出生在无法表达情感的家庭中的孩子，他们会从父母和兄弟姐妹身上学到压抑情感的表达方式，将他们的感受和情绪隐藏起来。

3. 低自尊

抑郁症患者通常呈现低自尊状态，否定自我，感觉自己不受人们欢迎，不被大众喜爱。这样的自我认定会使得内心承受很大的痛苦。低自尊意味着很敏感，对他人的评价和话语十分在意，稍有不慎，就会感觉受伤。甚至，低自尊人群在受到他人表扬时，会觉得害羞，也会极大地受到他人评价的影响。在他做决策时，自己的意见和想法被忽略，容易受到他人鼓动，呈现讨好型人格。

正是这些心理因素，导致抑郁症患者不敢表露心声，独自承受抑郁症带来的折磨，强撑着表现成一个正常人，当有人发现异常，问及情况时，始终告诉他人："我很好，没问题。"

我也是在患病多年以后，才懂得求助。

根据心理专家的建议和个人经历，这里给抑郁症患者几点建议，希望能给他们一些帮助：

1. 可以寻求支持

曾经有专家做过一个实验，来验证亲人的主动关怀对于抑郁症患者病情的影响。实验结果显示，在获得亲人主动关怀的情况下，抑郁症患者的病情恢复比未获得关怀的患者明显更快速，并且能够更容易接受专业治疗。所以，抑郁症患者如果能够勇敢地走出一步，自发地主动寻求帮助和支持，将对减轻痛苦和病情恢复大有裨益。

2. 抑郁症患者需要把自己的真实感受表达出来

无论是家人还是朋友，其实他们都非常希望我们能够开心起来。也许你会担心说出自己的感受无法被他们理解，但不要只站在自己的角度看待身边人，或许他们的认知和接受度超出你的想象。曾经我也以为我的父母很传统，肯定无法接受一些他们认知范围外的事情。然而有一次在看足球比赛时，我的母亲居然说出了"越位"。这让我很是惊讶，在我的印象中，母亲从来不看体育赛事，后来我才知道因为我哥要代表单位参加足球比赛，为了支持我哥，母亲到现场观看了比赛，并且还学习了一些足球知识。从这件事，我意识到，也许我们对父母的看法存在过于主观和刻板的印象，其实他们的世界超出我们的想象。在遇到困难时，只要我们勇敢地表达出自己的感受，父母和朋友可以给予我们很多帮助。

3. 寻求专业帮助

抑郁症是一种疾病，不是罪责，对于这点患者自身必须有清醒的认知。生病了就要看医生，这是再正常不过的事了。其治疗并不比肿瘤之类的疾病复杂，效果也是显著的，重要的是勇于承认自己生病了,需要医生治疗。对于寻求专业帮助,我感触最深的是它让我能够客观地看待抑郁症。人因为无知而恐惧。当对其了解,并知道如何面对时,恐惧感也就消失了。请相信专业的心理医生,他们的经验是从大量临床病例中总结出来的,能够给予我们极大的帮助。

4. 底线铁律

重度抑郁症患者很有可能会无法承受身心痛苦,而选择走向自残或者自杀。根据过往的病例统计,想自杀的人如果在实施计划前能够打出一通电话,与人分享一下最后时刻的感受,大概率能获得有效帮助,从而避免走极端。所以,医生告诉我,我必须给自己定下一条铁律,只要想实施自杀,强迫自己必须拿起手机拨出电话,告诉一个人我此时的感受和即将做什么,不需要思考,只需要按此执行。

如何帮助抑郁的朋友

如果你想帮助身边的亲人或朋友,尤其是青少年朋友,有些信息对于我们是一种预警信号:

你的朋友不想做之前非常喜欢做的事情了;

你的朋友开始自暴自弃,抽烟酗酒;

你的朋友时常不去上班、上课或不参加课后活动;

你的朋友开始频繁谈论人生的意义、存在的价值等问题；

你的朋友开始关心一些关于死亡的话题。

当你遇到朋友身上有这些预警信号时，请多给予他 / 她一点关怀和耐心，你可以采取以下措施：

1. 和朋友交谈

无须直接谈论关于抑郁症的话题，只需要一些简单的谈话，适度地表达你对朋友的关心，尝试让其说出可以帮助他的地方。交谈时以倾听为主，并且要认同他的感受，表达共情。

2. 朋友不需要答案

好为人师的我们需要尽量避免去教导他。我们以为的答案也许根本不适合他，因为任何答案都是在特定情境、特定对象下产生的，我们无法完全设身处地地站在对方的情境下思考问题，得出的答案自然不一定适合对方。在解决情绪和心理问题时，答案并不重要，共情才能缓和情绪。

3. 鼓励朋友寻求帮助

对于你的朋友来说，可能羞于向他人提及自己内心的苦痛，担心他人无法理解。此时，他需要得到我们的鼓励。我们要让他意识到身边其实很多人是可以求助的，比如父母、老师、朋友等。如果不愿意向熟悉的人寻求帮助，也可以找专业的心理医生等。

要相信，只要说出来，就可以得到帮助。

4.陪伴朋友一起渡过难关

抑郁症患者需要朋友的关心和陪伴是毋庸置疑的，但作为朋友，也是一个有情感的人，都会有情绪，害怕受伤。作为抑郁症患者的朋友是不容易的，病人的情绪波动总是比较大，这会导致抑郁症患者更可能说出一些伤害亲近朋友的话。所以，如果你的朋友说了一些让你感觉不舒服的话，请你谅解他，因为这其实不是他的本意，你的朋友只是生病了。当我还年轻时，经常因为朋友的一些话语和做法，让我对这段朋友关系产生怀疑。随着年岁渐长，经历的事情多了，开始了解到每个人都不是完美的，尤其是身边的朋友。我会拿放大镜看他们。稍有瑕疵，就会开始否定他们。然而，如果我有一点耐心，过不了多久，又会看到朋友身上的闪光点，他们又会变回那个让我舍不得离开的人。

1.4 心里太疼了，不得不转移到身上

作为抑郁症患者，我遭受的身心折磨是常人无法想象的。我会感觉自己什么都做不好，活下去看不到希望，死又想到自己可能带给家人朋友的痛苦，于心不忍。我每天如同行尸走肉一般，还得装作什么也没发生，内心极度痛苦，无处宣泄。痛苦至极之时，我会用头撞墙，扇自己耳光，用力拽头发，甚至拿小刀划伤自己。身体疼了，似乎心里就没那么痛苦了。

这些常人看来是匪夷所思的事，抑郁症患者却在别人看不见的角落里做了很多遍。为什么会有这样的行为呢？难道抑郁症患者感觉不到痛吗？

自残源于身心痛苦的爆发。抑郁症患者承受着怎样的痛

苦呢？

1. 巨大的精神痛苦

在抑郁症患者的眼里，自己无能，还看不到希望，是被世界抛弃的人，不知道活着的意义是什么，每天都在自责，讨厌自己的无能，还没开始行动就认定自己什么都做不好，做什么都会失败。这种自我怀疑、自我否定让人绝望。正如俄罗斯作家特罗耶波尔斯基所说："生活在前进，它之所以前进，是因为有希望在，没有了希望，绝望就会把生命毁掉。"

2. 难熬的身体症状

抑郁症患者不只承受着精神的折磨，身体也会产生不良反应。呼吸困难、肠胃不适、头疼、食欲下降、失眠、做噩梦等等，这些都是典型的抑郁症症状，这些身体上的症状让原本就饱受精神折磨的患者变得更加难以忍受。

3. 情绪宣泄困难

最初患有抑郁症时，我得到最多的回应是："想开点，该吃吃，该喝喝。"朋友也都认为休息休息就没事了。基本上大家比较统一的看法是想得太多，给自己压力太大。甚至不是十分熟悉的人会认为这就是无病呻吟和装可怜。

面对各种各样的猜测，我也无力去解释了。我是多么希望有人能不带偏见地听听我的诉说,耐心倾听我讲讲内心的感觉呀!我不需要大家为我做很多,只需要给予一点陪伴,共情共鸣,陪我去看医生。

不被理解,无处诉说,情绪无法宣泄,那时的我对这个世界充满了失望。

自残是一种释放精神折磨的方式

抑郁症患者在承受精神和肉体双重折磨时,还要面对外界的不理解,甚至嘲讽,也无法反驳,只能独自承受。但人终究不是石头,没有那么坚强,有血有肉有感情,随着病情的持续,痛苦一步一步加深,终有爆发的时候。而抑郁症患者恰恰又不善于向外界求助,最终发泄的方式便向内转化成了自残,通过肉体的折磨来宣泄情绪,转移精神层面的痛苦。

在抑郁症患者存在自残这个现象上,精神科专家们也做了大量分析研究,结果显示,自残行为可能有如下原因:

1.转移痛苦

抑郁症患者的自残现象是源于情绪低落,伴有强烈的负罪感,想要通过肉体痛苦来替代精神层面的痛苦。因为抑郁症的症状包括情绪低落、内疚、过度自卑、自我否定等,无法承受痛苦,又无处宣泄,从而产生了轻生的念头,而本能的求生欲望又不允许自己这么做，因此会转而选择自残作为一种情绪宣泄方式，通过肉体上真实的疼痛感来减轻或者覆盖精神的焦虑和不安，从而实现转移压抑的情绪，缓解精神上的巨大痛苦。

2. 感受自己的存在

抑郁症患者由于习惯自我否定，自我批判，而失去了自我，活得像一个行尸走肉，找不到自己存在的真实感觉。此时就会选择通过自残来唤醒自己的身体，抵抗身心的麻木，感受自己的存在。

3. 用自残来抵抗自杀

这听起来似乎不可思议，其实很合理。当抑郁症患者的负面情绪达到一定程度，身心已经无法承受，就有可能走极端自杀，而自残相对于自杀是患者对自己的生命做的最后挽留。因此，自残或许是抑郁症患者想要逃离死亡的自救方式，但如果抑郁症患者最终发现自残也无法解决身心的痛苦，则依然会选择走向最悲剧的道路——自杀。

自残是重度抑郁症患者在长期遭受精神折磨和身体痛苦后的极端爆发，也是一种无奈的呐喊。如果你发现身边的人有自残行为，请不要把他们当作异类，可以试着去倾听他们的心声，与他们共情，帮助他们找到宣泄情绪的方法。

值得庆幸的是，这些年陆续有一些抑郁症患者主动站出来，向大众展示什么是抑郁症，得了抑郁症后的痛苦有哪些，并呼吁大众关注患有抑郁症的群体，让更多人了解了抑郁症的基本概念，纠正了过去普通大众对抑郁症的相关认知误区。我国某著名主持人就是一名抑郁症患者，曾经引起了广泛的社会关注，促进了社会对抑郁症患者的关怀。

抑郁症对于大众不再神秘，抑郁症患者可以倾诉的对象也越来越多，不光有专业人士帮助答疑解惑，疏导情绪，更有很多身边的朋友也能理解患者的痛楚，并为其提供一些慰藉。

于我而言，今天的我需要感恩那些一路帮助支持我的人。显然，我是幸运的，在患病过程中，家人及朋友不仅没有不理解和恶语相向，还能主动去学习了解抑郁症相关知识，以便能更好地帮助我走出困境。在我做感恩练习时，他们是我最大的动力源泉。

1.5 窒息的家庭关系让我抑郁

越来越多证据表明，抑郁症与不良的家庭关系有着千丝万缕的联系。家庭关系有很多种，这里着重探讨一下原生家庭——我们与父母之间的关系和影响。在原生家庭的深远影响这个课题上，近些年，心理学家们展开了大量的研究，统计数据显示，每个人的性格和心理问题确实与原生家庭关联性很强。

每个人都有自己独特的原生家庭，从一出生，就携带着父母的遗传基因，拥有来自父亲和母亲的 23 对染色体，父母的生活方式和为人处世方法都深刻地影响着一个人的成长。

儿童教育学家认为父母是所有孩子的第一任老师。我们从生下来就是天生的模仿高手，受父母启蒙影响。我们通过模仿父母的所有行为和语言去认识探索世界。而且儿童，甚至是婴儿，都是非常会察言观色、感受氛围的，例如做了什么事惹妈妈生气了，妈妈强忍着怒火跟孩子解释为什么不能这样做，然而情绪终将会通过微表情传达出来。这些微小的表情差异，也能被孩子准确捕捉到，知道妈妈生气了。我在哄我三岁的儿子睡觉时，就经常被问："爸爸，你是不是快没有耐心了？"因为妈妈曾经跟儿子说过类似的话："我快没有耐心了啊，你赶紧给我过来。"而此时，儿子应该是通过我的面部表情和语气感受到了我的情绪。虽然我不想表现出不耐烦，也不想影响儿子的心情，所以在尽量让自己保持心平气和，但显然是失败的，这些信息已经被儿子捕捉到了。

一个孩子从出生到离开原生家庭一般要十几年的时间。在这么长的时间里，孩子可以捕捉到多少来自家庭的信息，这些都会沉淀在孩子体内，潜移默化进心灵深处，成为日后影响他人生走向的重要因素。在成长中的每一分每一秒，与父母和其他家庭成员的互动，都在教会我们一些观点和方式方法，这些逐渐形成了我们的人生观、价值观。

例如，如果父母是完美主义者，那么孩子长大后可能会继承父母的想法：我做得还不够好，我需要付出更多做到更完美才有资格获得肯定和认可。这种信念会导致孩子产生焦虑和抑郁情绪，因为完美是永无止境的。

关于家庭关系的研究表明，父母严厉惩罚、过度干涉或者过度保护都有可能导致或加重儿童和青少年的抑郁症状。

在孩子成年后，走入社会，来自原生家庭的一些负面影响，就可能导致他遭遇诸多亲密关系中的问题和阻碍，跟朋友相处时掌握不好分寸，无法建立健康的人际关系，谈恋爱时出现过强的控制欲或者不安全感，害怕失去，导致最终分手，工作中处理不好突发事件，导致情绪崩溃，工作受挫。

我们吃过很多种食物，也容易知道自己喜欢吃什么，对什么口味无法忍受，所以我们可以选择吃自己喜欢的东西。而原生家庭的问题就在于，我们没得选，即便不喜欢，甚至反胃，父母也会强行把食物塞进孩子的嘴里。时间长了，孩子的认知就会出现偏差，内心真正的喜好就会被忽视，但身体是诚实的，会通过某些方式呈现这些不舒服、不愉快、恶心难受，那就是抑郁。

根据临床观察，抑郁症患者往往都有一个"生病了"的原生家庭。心理学家认为，父母不当的教育方式是造成孩子心理问题的最大诱因。

以下这8种家庭，容易养出患抑郁症的孩子。

1. 经常贬低、否定孩子的家庭

在未成年人得抑郁症的病因里，父母有不可撼动的地位，所有人都知道，只有家长自己不知道。

2. 忽视孩子情感的家庭

家长认为孩子还小，没有那么丰富的感受，也不尊重孩子的真实情感，对于孩子提出的抗议，先入为主地认为这就是闹孩子脾气，过一会儿自己会好，或者买根棒棒糖哄一下就可以了。孩子长期被忽视，既会阻碍形成独立人格，也会让孩子缺爱，没有安全感，甚至产生抑郁情绪。

3. 只关注孩子成绩的家庭

家长过度关注孩子的成绩，一旦学不好，孩子会陷入自责焦虑，觉得自己对不起父母。长久的负面情绪，会让孩子有抑郁倾向。

4. 父母总是吵架的家庭

父母总是吵架，孩子长期生活在紧张的家庭氛围之下，尤其是激烈的争吵，摔东西，发脾气，这在孩子脑海中会形成一幅恐怖的画面。孩子甚至会做噩梦，不知道什么时候就会失去家庭这个安全庇护场所，始终生活在担忧恐惧之中，情绪紧绷、脆弱。

5. 要求孩子懂事听话的家庭

心理学家皮亚杰通过数据统计分析，认为孩子越听话、懂事，长大后存在心理问题的概率越大。

6. 存在暴力的家庭

家庭暴力绝对是给孩子造成伤害最大的因素，无论是其他家庭成员承受的暴力还是自己承受的暴力，都将严重影响孩子成人后的三观，对世界的认知容易走极端。

7. 控制欲强的家庭

家长会控制孩子的交友、学业，甚至工作和感情，导致其丧失自主权，情感麻木。

8. 留守儿童的家庭

父母不在身边，孤独无助、悲观寂寞，使得孩子更容易存在忧郁、自卑和焦虑等心理。

温暖的童年会治愈我们一生，这是每个人都期望得到的。然而我想说的是，童年的环境我无法选择，不管是欢乐的还是痛苦的，都有很多因素造成，包括历史原因、特定时期国情、生活压力等，甚至一些偶然因素和我自身性格的原因。这些因素类似于常说的不可抗力原因，并非是我被这个世界刻意针对了。所以，学着原谅这个世界吧，它不是故意的。作为抑郁症体验者的我们，会更懂得有些话和事情的伤害性有多大，我们要做的是不让自己经历的痛苦再在其他人身上重演。即使我们依然是患者，也尝试去善待周围人，做一个发光的抑郁症使者。

第二章

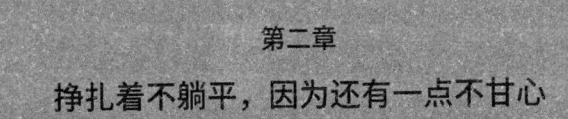

挣扎着不躺平,因为还有一点不甘心

2.1 为什么受伤的总是我

"为什么受伤的总是我？到底我是做错了什么？"这是脍炙人口的一句歌词，然而这句歌词恐怕也是我在抑郁时问自己最多的一句话。我时常觉得自己受到了伤害，敏感得像只小猫，不可触碰，只好把自己蜷缩在一个小盒子里，因为害怕所以拒绝与外界的接触。

直到后来的某一天我才明白，其实并不是别人在伤害我，而是我自己在伤害自己，用一个词形容就是"自怨自艾"。偶然听到别人说什么，都能联系到自己身上，然后莫名其妙就受伤了。哪怕是看到太阳下山，都能伤感一场。

面对这种情况，我曾经看到一个别致的解释"消极的人可能是潜意识里认为自己需要这个消极的情绪",这听起来有点不好理解,你可以将其理解为生病导致大脑产生错觉,就像林黛玉自怨自艾一样,陷入一个狭小的信息回路空间,走不出来。主观表层想自己快快好起来,但潜意识层里没有同步这个信息。

当然,这个解释并没有得到相关心理学专家的证实,缺乏科学依据,只是我对抑郁症的一种思考的角度。

在心理学层面,这种"自怨自艾"的表现叫作"回避型人格障碍"。

回避型人格障碍是人格障碍中的一种。此类人对社会环境常感到紧张不安,所以他们会尽可能地回避出现在外界环境中。有回避型人格障碍的人往往对环境抱有怀疑和不信任感、不安全感,在社会环境中紧张不安,所以一般都是独来独往、独自生活和开展工作。

回避型人格障碍在医学上有明确的诊断标准:

1. 因惧怕批评、否定或者拒绝,导致回避需要较多人际关系交往的活动,有点像常说的"社恐";

2. 除非确信对方喜欢自己,否则不愿意与他人有关联;

3. 因为害怕出丑或者被羞辱,面对关系亲密的人也会过分客气;

4.在社会交往中,过分重视批评以及拒绝;

5.因为觉得自己缺乏能力,不愿发展新的人际关系;

6.认为自己与社会格格不入,一无是处,或是比其他人差得多;

7.因为害怕出丑,极不愿意冒险,或者是参加新的活动。

2.2 人人都在乎心理健康

在抑郁症初期，我并不认为自己有问题，我也坚信我的自我调节能力很强，可以把自己调整好。因为从小到大，我都是一个很独立的人。不管我的内在世界是自卑的还是自信的，至少在理性层面我是自信的，我有足够的信心认为自己可以调节好自身情绪，不需要外界帮助，我也不认为自己有什么大问题。

我是在农村长大的，九岁时，全家搬到了父亲工作的城市，两地的距离大约为 150 千米。后来因为读书和工作的原因，我又辗转过几个城市，所以从小到大，我从未在一个城市生活超过 10 年。即使在同一个城市，我也跟随父母搬过好几次家。记忆中，有一次在大学暑假，我想回家却找不到家的位置，因为我父母已经搬家了。那时还没有智能手机，无法通过定位导航，后来是哥哥与我约定地点集合，他带我回家的。这一次次的环境变化，锻炼了我对新环境、新状况的反应能力，但同时，或许也正是这一次次的环境变化，给我带来了一些潜在的性格问题。对此，至今我仍然不是十分确定。

我从小很独立，相比同龄人，很多事情都是我自己做决定，这得益于父母对我没有进行太多的干涉和管制。记得上学时，每次考试老师都要求把试卷拿回家家长签字，我是班上唯一一个自己签字的学生。家里有三个孩子，父母对我们的教育方式，按现在的说法叫作"放养"。对于学习，父母很少过问，原因有两个，一是因为生活的压力，父母要忙着赚钱养家；二则是我从小很懂事，父母对我比较放心。所以我在读书期间，并没有受到像同学们那样的来自父母的约束，我相对来说自由得多，学习的事情基本都是自己看着安排。所以一路走来，我的独立性很强，很早就会自己拿主意。

正因如此，当我的身体状态出现异常时，我不以为然。毕竟过去我也会有失眠、焦虑、紧张等情况的时候，但不是一样好起来了吗？本着这个信念，我采取了顺其自然的方式来调节情绪。当然，我也会上网查询一些知识，尝试网络上介绍的一些调节方法。

然而这一次似乎并不像我之前那么顺利，失眠、焦虑等情况不仅没有好转的迹象，甚至愈发严重。白天的我变得毫无精神，对什么都提不起兴趣，不想出门，害怕见人，吃饭也是味同嚼蜡。我不知道问题出在哪里。也许是由于我过于急躁，也许是我调节情绪的方法不对，我感觉自己似乎越努力越无力。

直到我看到了一本书——心理专家李宏夫撰写的《情绪自救》，我才开始意识到我很可能是患上了抑郁症，而且已经严重到一定程度了。于是我开始重视自身的心理健康，陆续查阅了很多有关心理知识的书籍、资料，寻求自救。

虽然大部分抑郁症患者刚开始对自己的情绪状态好坏有一定的认识，知道情绪不好或者是感觉到身体不舒服，但不愿意承认自己生病了，更加不愿意承认自己得了抑郁症。

如今比我生病的时候已经好很多了，当下社会对抑郁症的认知进步很快，大部分人都知道有抑郁症这样一种病，也知道得了抑郁症需要治疗。然而，在我最初生病的那个年代，抑郁症是不具有广泛认知度的。不管是自己，还是周围人，都觉得患抑郁症的人是"矫情""闲得没事、吃饱了撑的""闲出来的富贵病"，很少有人把抑郁症当作一种精神心理疾病。现在，抑郁症已经被更多的人了解，也意识到抑郁症没有那么神秘，只是一种常见的病而已。很多人把它称为"心灵上的感冒"。

2.3 正视自己的现状

抑郁症当前已广泛为社会接纳和认知，虽然其病因尚不明确，但在拥有了大量临床案例后，现在已经可以确定，抑郁症的发病因素包含生物、心理与社会环境等诸多方面。

不管是哪些因素导致我们患上抑郁症，我们都需要正视自己的现状，接受我们生病了的事实。通过第一章第一节《抑郁症是什么》所介绍的自我测评表，我们可以对自己的现状有一个初步的评估。当我们能够开展自我评估时，说明我们已经在解决问题的道路上迈出了一大步。

只要我们有勇气直面抑郁症，不回避，积极就医，一切都将好起来。虽然抑郁症病因尚不明确，但医学上已经有了很多治疗抑郁症的方法，并且是经过临床验证，证实治疗有效的。

按照《中国抑郁障碍防治指南》的指导意见，对抑郁症，根据其严重的程度不同，采取的治疗方法也不同：

1.轻度抑郁症可以单独进行心理治疗或采取心理治疗联合药物治疗的方法。单独进行心理治疗应该定期对疗效进行评估，效果不佳时，应尽早开始进行药物治疗；

2.中度及以上抑郁症应该立即开始进行药物及物理治疗。现在已经存在较多新型抗抑郁药物，物理治疗包括磁疗、电疗、中医治疗等，都可以有效改善症状，从而快速缓解抑郁情绪，减少和消除不良风险；

3.患者若门诊治疗长期无效，还需要考虑进行住院治疗。

我确诊抑郁症时，药物治疗和心理治疗是同步开展的，治疗效果很好。虽然治疗周期较长，但无论是身体状况还是心理健康，都效果显著。

有过照顾他人的经验，尤其是照顾老人，会有这样的体会，如果我们把治疗疾病看成一个工程项目，那么真正的治疗过程其实只占工程进度的50%，而另外的50%则是开始接受治疗之前的心路历程。要开始治疗，就需先让病人意识到自己病了，并真心接受自己是个病人，需要照顾、需要治疗的现实。而现实情况却是大部分病人并不愿意承认自己在生病。最典型的就是家里的老人，劝他们去到医院是一项十分困难的工作。每个成年人都有自己独立的思想和认知，那么在如何对待生病这件事上，是难以说服他人的。我们往往在劝说这件事上就需要消耗掉大量的时间和精力，当病人真的走入医院时，一切反而好办了，只需要做到积极配合治疗。因此，正视自己的现状，对于抑郁症患者而言，其重要性不亚于任何一项治疗措施。这虽然有些难以接受，但相较于长期的痛苦，暂时逼迫一下自己去正视现状是十分值得的。

2.4 谁也不是一开始就能做到最好

抑郁症治疗的过程是漫长而艰苦的，主要是内心的挣扎和恐惧让人筋疲力尽。最初药物效果很快就起了作用，但心理治疗则是有点反复，刚开始难以保持持续性。

对于初期心理干预治疗做得不好的情况，多半是以下原因造成的：

1. 对治疗没有充足的信心，半信半疑

自身对抑郁症的认知存在偏误，曾经了解的零碎信息使我们形成了一种主观意识，认为抑郁症是"不治之症"。事实上，抑郁症是完全可以治疗的，并且是有科学方法可循的。因为对治疗没有信心，所以对心理咨询师的治疗持抵抗情绪，不愿意配合。

对治疗方法没有充足的信心，半信半疑。由于信心不足，在治疗过程中碰到困难时，通常会开始质疑治疗方法本身，那又怎么能取得好的治疗效果呢？在犹犹豫豫的过程中，抑郁情绪就会进一步加重。

2. 急于求成

对治疗效果急于求成的行为，反而会引起更多的焦虑，阻碍病情的恢复。

抑郁症是一种慢性心理障碍，所以恢复需要时间。大多数抑郁症患者总是着急好起来，导致自我攻击更严重。我们恨不得早日消除抑郁，可是越着急越痛苦。所以，最好的办法还是积极地接受治疗，然后耐心接受暂时的痛苦。只有这样才能与自己和解，继而与症状和解。

如果我们自身学习了一些心理学知识，对抑郁症的治疗有一个客观的认知，清楚地知道治疗的方式方法，对治疗效果有一定的心理预期，那么，我们可能就会有一个更好的心态去面对治疗。

心理干预治疗不是我们看到的像电影作品里那样聊聊天而已，而是有科学的理论支撑，大量的临床数据统计，确定的方法和治疗步骤的。

心理干预治疗相对于药物治疗而言，过程会慢一些，需要的时间周期会长一点，这确实需要患者有足够的耐心。但同时，心理治疗却又是不可替代的，其发挥的功效也是药物无法代替的。

对于重度抑郁症患者，更是不能急于求成，心急只会加长治疗周期，或者治疗不到位，容易复发。

对抑郁症患者来说，心态是至关重要的。要想真正地战胜抑郁症，除了要有好的方法，还要有一个正确的心态。你只有掌握了正确的心态，才会在战胜抑郁症的道路上更加轻松，更加快速。

第一种心态：不要把抑郁症当成借口，要带着症状积极地去生活

确诊抑郁症会给我们的心理带来强大的冲击。在确诊初期，我们的心理负担反而会加重。这就像是一个人本来好好的，突然医生告诉他得了癌症，他精神一下子就垮了，马上就觉得身体这里不舒服那里也不舒服。

有时候，学生就不去上学了，休学在家；职员会辞职在家。在家里呢，也什么都不想做，总是对自己说，"我有抑郁症，没有心情也没有动力去做这些事"，把抑郁症当成了自己的借口。

其实，更多的是我们自己把自己吓倒了。抑郁症的确会让人精力减少、没有心情，但是抑郁症也没有让我们双腿骨折，更没有让我们丧失行动能力。只要抑郁程度不是非常严重，我们就应该尝试带着症状去生活。

抑郁症的产生来自内心的自卑、焦虑、完美主义、不接纳自己等错误的认知观念。这些认知只能在生活中慢慢去改变，光用脑子想是改变不了的。

第二种心态：接纳当下的一切

我们得了病之后，容易抱怨老天爷对自己不公平，怨天尤人，责怪父母、朋友，抱怨周围的一切。

抑郁症带来的症状不管怎么排斥，都不会消失。排斥它，反感它，只会让心里充满负能量，倒不如接受它，允许它暂时存在。而要想走出抑郁症，首先要做的就是接纳，只有接纳自己，接纳当下发生的一切，才能拥有良好的心态，而良好的心态是我们治愈抑郁症的必要条件。

处于抑郁症中的患者要勇敢地告诉自己："现在状态不好的自己是暂时的，不必去与过去的自己或者别人做比较，一切都会好起来的。"

事实上，你不光会好起来，还会变得更好。抑郁症其实给了你一个喘息的机会，在快节奏的生活中，来不及看清自我，也来不及思考人生。抑郁症的到来恰巧给了我们一个时间窗口，慢下来，好好回顾一下自己的过去，思考当下，展望未来。

这不是说笑，是真实发生在我身上的情况，可以说如果没有抑郁症，我不会拥有现在的从容。从前的我只顾埋头赶路，甚至都不知道方向在哪里，只顾风雨兼程的前进。在治疗抑郁症的过程中，治疗的需要迫使我停下脚步，学习心理知识，在正念、冥想等治疗措施中，更加了解了自己，培养了良好的习惯，对待生活的态度变得淡定，看待事物更加客观。这让我可以将自己抽离出来，就像是站在另一个人的视角去观察自己，观察身体的变化，情绪的产生和消失。这是一个非常有意思的过程。我感觉此时的身体才属于我自己，是我可以操控的身体。

当感受到可以完全控制自己时，我开始变得强大，比没有生病的我还要强大。因为我感受到了一种自信，可以控制自己身体和意志的自信，对于外界的刺激我可以做到心平气和，理性对待事情的变好变坏。

甚至现在的我都开始感谢治疗抑郁症的那段经历。

第三种心态：要允许症状的反复

在抑郁症的康复过程中，我们经常被这样的问题困扰："我已经在吃药治疗，而且吃了好久了，为什么症状还是反反复复的呢？"又或者："我的抑郁症已经康复一段时间了，为什么最近的情绪波动又非常大呢？"

想想看，即使不是病人，一个普通的正常人也会有不定期的情绪波动和心情低落，更何况是抑郁症患者，并且还在接受治疗。治疗本身也会带来一些额外的刺激，那么出现一些情绪上的波动，是再正常不过的事情了。不管是抑郁症本身症状的反应，还是其他突发事件带来的情绪影响，都是不可避免的，保持接纳和观察就好了，不必紧张。

对于治疗过程中的病情反复，容易让人感到沮丧，或者想放弃，但其实只要再坚持一下，再多给自己一次康复的机会，就会看到身体状况其实是在起伏波形中向上走的，症状的反复频率也会随之降低。

这三种心态对于我们取得更好的治疗效果非常关键，尤其是心理干预治疗，积极配合和形成正确的认知，才能保障治疗效果的持续性。

2.5 我该怎样放过自己

美国著名心理咨询师詹姆斯·威西写过一本书《当你放过自己时》。这本书直白地告诉大家，抑郁症也只是一种心理的"感冒"。只要我们找到治疗这种感冒的方法，对症下药，就可以快速地走出抑郁，重获新生。

詹姆斯·威西是一名心理咨询师，也是一名重度抑郁症患者，他曾因抑郁接受住院治疗。后来，他发起了一项关于抑郁症的运动"康复者来信"，结合大量的患者情况，并借由自己多年的临床经验，将治疗历程总结于这本书中。

在这里跟大家分享一下三个要点：

1. 向外界求助

求助是本能，但有时我们被自己的胡思乱想桎梏，忘记了我们的本能。当我们看到动物界的一些互助行为时，我们会被感动，有感于它们的真情流露。而人类之所以能够繁衍生息直至今时今日，正是得益于人类与生俱来的协同能力。在旧石器时代，人类的生存环境十分恶劣，随时都有被凶禽猛兽攻击的危险，如果没有互相协同帮助，人类早已成为其他凶猛动物的腹中之餐。电影《流浪地球2》中，当人类共同面临灭顶之灾时，中方代表向全球各国要员展示了一根来自一万五千年前的大腿骨化石。这根骨头有曾经断裂的痕迹，也就是说当时这个人受了重伤，大腿骨断裂。在那个时代，这就意味着死亡。因为他受伤导致失去寻找食物的能力，也不具备抵御攻击的能力，所以就只能等死。然而，我们今天看到的化石显示大腿骨愈合了。这说明什么？说明当时受伤的人肯定得到了保护和食物供给，才能有机会等待骨骼愈合。所以，人类互相帮助是与生俱来的天性。

抑郁症患者就如同那个断了大腿骨的人，需要同类的帮助。而作为抑郁症患者，需要做的就是向外界发出求助信号。只要发出了，就会有人来帮助，因为这是人类的本能。

2. 感受快乐

感受快乐是一种能力，对于抑郁症患者，只是暂时丢失了这种能力，需要积极寻回。

小时候看香港的电视剧印象深刻的一句台词是："做人呢，最重要的是开心！"这句话看似废话，然而却是道出了人生本质——快乐是我们热爱生活的动力。而快乐的源泉正是我们自己，取决于我们感知快乐的能力。曾经，我们都会思考一个问题，越富有就会越快乐吗？其实这是一个伪命题，富有的衡量标准是金钱物质，快乐的阈值则取决于我们的感知力，而金钱和感知力两者之间显然是没有关联性的。这种对于快乐的感知力在我们小时候是很强大的，童年的我们是那么容易快乐，也许一根棒棒糖，或是一次游玩，就可以让我们快乐至极。随着年龄的增长，似乎快乐越来越少，烦恼越来越多。所以，要想找回快乐，就需要我们向童年的自己学习，提高我们感受快乐的能力。抑郁症患者更是如此。当我们对一切都失去兴趣，索然无味时，想想我们的童年，学会用心去体会每一刻美好，学会感恩今天拥有的一切，哪怕只是路人的一个善意微笑。

3. 放过自己

"放过自己"这个道理大家都明白，似乎也没什么可说的，因为我们都理解，也认同，然而做到却是很难。就如同经常会有人告诉我们："做人要拿得起，放得下。"但真正拿起来了后，恐怕真没那么容易放得下。"放下"就意味着"失去"，而"失去"恰恰是人们恐惧的根源。

你是否听过马斯洛需求层次理论？在理论模型里有一个层次是安全需求。对于安全需求，我听过最有意思的解读是三个字"怕失去"。最初，我还不能理解为什么是"怕失去"，直到我的朋友给我讲了一个中彩票的故事。一位彩票爱好者闲来无事就喜欢买几张彩票，某天，他经常买的彩票号码终于中了大奖。他高兴极了，脑海里已经开始憧憬该如何支配这一笔巨额的财富，他要换新车，再买个面朝大海的房子。然而不幸的是彩票找不到了，翻遍了一切能找的地方，就是不见彩票踪影。眼见着即将到手的巨额奖金又飞走了，他崩溃了，精神再也无法承受这失去之痛，觉睡不着，饭也吃不下，终于还是走向了极端，选择了自杀。他的家人怀着无比沉痛的心情收拾他的遗物，在遗物中翻出了这张彩票，令人意想不到的是这张彩票其实并未中奖，刚好那一期他没有买这组号码。

这是一个悲伤的故事，仔细想想，故事主人翁其实从未得到过那笔巨额奖金，只是他以为自己中奖了，然而命运开了个玩笑，让他又认为失去了这笔奖金。这整个过程他并没有任何损失,既然从未中奖,生活就没有什么变化,一切依旧,可是他为什么就自杀了,无非他的内心体验了一次"得而复失"。他自杀的原因恐怕就是"怕失去"。

放过自己就是要克服这种"怕失去"的心理。只有坦然面对一切得与失,才能心境平和,才能不跟自己较劲,也就"放下"了。

关于抑郁症,有一句很戳心的自述:"没人觉得我病了,他们只是觉得我想太多了。"对于抑郁症患者,他人的关怀很有帮助,而更重要的是我们自己如何对待自己。当放过自己时,我们就是自己的那一束光。

2.6 抑郁症患者需要怎样的陪伴

当一个人感到悲伤时，哭出来也许会感觉好很多；当一个人感到愤怒时，给他一个发泄的地方，让他尽情宣泄出来，情绪可以得到有效释放；当一个人需要倾诉时，有一个静静的聆听者，时不时点点头，他会心情舒畅起来。这些场景在心理治疗过程中，在日常生活中，都在一遍遍地上演。这些动作之所以会起作用，都源于共情。

陪伴抑郁症患者最好的方式就是与他共情。在演讲技巧中，我学到过要会运用不说话的力量。共情在多数时候就是不需要说话，只要你在身边，能够站在患者的角度去感受，去体会他的痛苦，这就足够了。也许，对于默默的陪伴，你觉得做得还不够，但对于抑郁症患者而言，这就足够，这已经是一剂良药，让患者感受到了温暖，感受到这个世界有人懂他的感受。

在互联网尚未普及时，曾经流行过结识笔友，互相不认识，不见面，通过文字交流，互相做心灵的慰藉。那段经历确实让我感受到力量，也让我的心情好很多，至少在这个世界的某个角落，有个人在关注着我，他懂我。

如今虽然不再流行笔友了，但我们还有另外的方式去寻找这种理解的力量。在抑郁症被广泛认识后，我国也陆续出现了不少的抑郁症患者互助组织。在这样的组织里，我们有共同的感受，也自然能够获得更多的共情。

我曾经参加过一个深圳的抑郁症患者互助组织。在那里，听病友们是如何撑过低谷时期的故事，从中汲取力量。互助组织让我们不再孤单，也让我们这种迷途的羊羔有了归属。国家权威机构统计数据显示，截至2022年我国的抑郁症患者人数已经将近1亿，这意味着每14个人中就有1个抑郁症患者。抑郁症患者是一个庞大的群体，面对如此多需要帮助的人，我国也已经有了一些全国性的抑郁公益组织。无论是通过线上还是线下，只要我们主动踏出第一步，就能找到可以让我们与他们共情的地方。

第三章
放松，轻轻疗愈自己

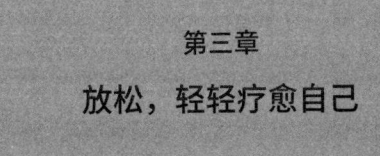

3.1 让我感到舒服的疗愈工具

生病这些年，我跟朋友开玩笑说我应该可以被授予心理学学士学位了，毕竟我在治疗期间学习了大量医学和心理学专业资料，比大学时的专业课还多。我也去很多知名医院寻求过帮助，北京大学第六医院、中南大学湘雅二院、母校华中科技大学同济医院，都留下过我的足迹。

根据美国精神医学学会编著的《精神疾病诊断与统计手册》（DSM），以及《中国精神疾病分类和诊断标准》（CCMD）的分类，严重的时候，我应该处于中度到重度抑郁发作的状态。这已经不是通常说的想不想得开的问题了，是必须通过药物和干预治疗手段来控制病情的程度。

除了药物治疗，我也尝试过很多抑郁疗法，进行心理干预治疗。例如意象疗法、感恩疗法、CBT（认知行为治疗）、正念疗法、观息法等。这些疗愈方法的效果还是很显著的，不仅帮助我释放了情绪压力，让我尽量保持平静，关键是让我逐步找到了不同情境下调整自己情绪的方法。

不管哪种疗法，治疗的核心在于"放过自己"。精神分析学派鼻祖弗洛伊德说："抑郁者充满了对自我的责备和诋毁。"美国精神病学界的著名教授贝克也指出，抑郁症患者习惯于自我谴责，对于所有发生的事，习惯性地归因于自身的某些行为，不尊重客观事实，使用错误的逻辑推断，正是因为歪曲客观事物而患上抑郁症。总之，就是因为患者对自己的要求过于苛刻。

我就是这样的人。我的原生家庭并不富裕，父母一辈子都辛辛苦苦地工作。我长大后，两个哥哥也都过着再普通不过的工人生活，而我是我们家唯一有高学历的人——985院校硕士毕业，所以我从走入社会开始，就给自己定了目标，也给自己绑上了枷锁：我要努力，我要让家人过上好日子，我是我们家唯一的希望。

我就是带着这样的使命一直奔跑，直到患上抑郁症，才开始反思：

"我的这些想法对吗？"

"父母应该是希望我快乐,而不是这么辛苦,对吧?"

我逐渐开始尝试做一些心态的调整,但收效甚微,因为我已经无法控制自己了。于是我开始转向改变行动,尝试接受专业的心理治疗。

正如古圣人荀子告诉我们的,行动可以变成习惯,而习惯促进性格养成,性格又决定了我们的命运。所以,积极的行动会给我们的心灵带来一些根本性的转变。

我治疗抑郁症整体的思路,是按照积极心理学开展的,从消除负念到增加正念。在求助心理医生时,他们更多的是在帮我消除负念,这可以让我的状态从"坏"到正常,但正常其实还不够,很容易复发,所以我还要给自己增加一些固定的动作。这些动作会带来一些愉悦、开心、快乐的结果,不断增加我们的正念,这样自身状态才能从正常到"好"。

如果你也有本书第一章中描述的症状和感受,那么接下来的这些疗愈方法也许对你有帮助。根据自身情况,你可以尝试行动起来,或许会有不一样的体验。并且在走出抑郁后,它们依然不失为平日里调节情绪的好方法,可以为自己和身边的人创造一个更美好的世界。

1. 意象疗法

意象疗法是一种结合西方心理动力学和东方文化思想，包括中医理论的治疗方法。这个疗法非常适合中国人，因为我们有"象思维"，擅长图像感知和顿悟，与西方的数字化思维不太一样。意象疗法的目的之一是将你安全地带回生命中某一没完成的情景中去，帮你放下这些痛苦不堪的往事，让你通过治疗师的引导，逐步打开心结。

这种疗法对改善我的睡眠障碍帮助很大，极大地降低了我睡前因为胡思乱想导致失眠的概率。每个人都会拥有一些痛苦或者极度懊恼的回忆，希望自己不要再经历那样的事情，或者设想如果能重来一遍，会用不一样的方式去处理。

我也有过，我的一个举动曾经严重地伤害了我的父亲，在思想上对他造成了沉痛的打击。无论是因为我少不更事，还是当时被错误的信息或人误导，这一切都已经发生了。在后来的日子里，当时的画面无数次浮现在我眼前，我极力想逃脱，拼命地转移注意力，甚至扇自己巴掌，可是这些画面似乎在我的脑海里挥之不去，就像有人在我脑袋里无声地咒骂我，或许那个人就是我自己。

看电视遇到相似的场景，我就会极度地抗拒，烦躁的情绪会立即被激起，就像是火药引线突然被点着了一样，原地爆炸，下意识迅速换台，不敢去看。

睡觉时如果画面突然浮现在我的脑海里，我就必须坐起来找点其他事情做，才能转移我的注意力。

心理研究表明，发怒其实是一种无能的表现。此时，我的暴躁情绪就源于我的无能。我想改变，我想那一幕从来没有发生过，但我无能为力，这件事已经发生了。我时常责怪自己当时为什么要这么做，伤害了家人，想过这么做之后他该有多难受吗？他最在意的就是我，然而我却给他的心灵插上了最重的一把刀，自此以后，他似乎丢了魂，缺失了精神支柱，开始不再坚持自己，每天就随便看看电视，听听收音机。

看起来父亲似乎很平静，但我知道他是被抽空了，没有了自我。而这一切都是我造成的，虽然不全是，但至少最后一根稻草是我加上去的。这种痛苦和自责在我心头压抑了很久很久。有时候窒息不一定是因为没有了氧气。

感谢我的医师在我还没有走向极端的时候，带我走入了另一个世界。我开始尝试意象疗法，起初是很痛苦很抗拒的，但跨越恐惧最有效的方法往往是直面恐惧，直到走向平静。

意象疗法引导我逐步去接受已经发生的事实，通过引导，直面过去，不再一味地逃避。随着时间推移，痛苦的程度在慢慢降低。直到后来,这件事已经不再让我暴躁,但我依然不愿意提及,或许在不久的将来我能真正地放下。

2. 感恩疗法

感恩这个词相信大家都听过,但对于感恩的理解不一定深入。这里,我们一起来重新认识一下感恩。

感恩意味着对一切的事物心存感激,不管是人还是物件,或是某些事,只要不忽略,正视其存在,并且不想当然地认为其就应该如此,就会对其感恩。这能帮助我们从更客观的角度看待身边的一切,并让我们能享受自己拥有的一切,感受到爱与被爱。心理研究表明,感恩十分有益于产生强烈的幸福感。

《华尔街日报》曾发表过一篇文章,介绍了科学家们对感恩的研究成果,统计数据显示经常感恩的人更健康、乐观,幸福感也更强烈,不光身体更健康,出现抑郁情绪的概率也更低。

塞利格曼和彼得森两位学者曾经做过实验,他们邀请了577名志愿者参与,两位学者提供了两个感恩练习,并对参与练习的志愿者进行持续跟踪回访。

两个感恩练习分别为:

感恩拜访:列出你希望感谢的人,并去拜访他/她,表达出你的感恩之情。

三件好事：每天记录当天发生的你认为的三件好事，并具体记录下事情发生的原因，描述事情发生所带来的良好感受，期待再次发生类似事情。

如果以前的你并不擅长感恩，那恭喜你，感恩的能力是可以后天培养的，尤其是这么好的工具我们未曾使用过，一旦开始使用就可能带来非常的体验。完全不用担心自己做不到，去尝试就会体会惊喜。在我接受感恩疗法的最初，我其实想不出有什么事情值得我感恩的，后来在医生的引导下，逐渐意识到其实任何事情都有值得感恩的一面，例如一个好天气，一句关心的话，一顿美味的晚餐，这些都非常值得我们感恩。从这一点一滴的积累开始，随着练习的深入，会越来越习惯于感恩，也会越来越认同感恩的必要性。现在，我看待事情或者问题的角度已经完全不一样了。这个练习让我开始审视自己，审视周围的一切事物。

感恩练习最大的益处是让我们在面对困难时，能从客观的角度去评估当前的形势，以便找到最有利的应对策略，避免陷入愤愤不平的情绪陷阱之中。因为愤愤不平只会让我们丧失理性，丧失客观。同时，通过感恩练习，可以不断强化思考问题的逻辑性，降低感受快乐的阈值，自得其乐的能力越来越强。

感恩练习最难的是开始。记得最初做感恩练习时,我其实是很不屑的,觉得太幼稚、太虚伪。作为一名理科男,我一直以来的思维是追求真实,打心底抵触"假惺惺"的感恩。但当感恩变成一种习惯时,我的思维方式改变了,开始意识到原来生活给予我的一切都不是理所当然的。

一个悠闲的夜晚,感恩这份宁静;

一首好听的歌,感恩生活中还有音乐;

一个爱人的拥抱,感恩有你的陪伴;

一句来自父母的问候,感恩你们一直在关心我;

一句孩子的"我爱你,爸爸",感恩我的小天使;

一个同事教会的技能,感恩你分享知识;

一句领导的肯定,感恩您的鼓励;

一场酣畅淋漓的篮球,感恩我的身体还是健全的;

一次养老院的义工活动,感恩我还能帮助到他人;

……

现在,我感恩自己,感恩自己参与并坚持感恩练习。同样的天空,同样的花草,同样的面孔,但感受不一样了,感知美好似乎也没有那么困难。

3.CBT（认知行为治疗）

认知行为治疗是旨在改善心理健康的一种心理社会干预，通过改变无助的认知扭曲（例如思想、信念和态度）和行为，改善情绪调节。每个人都会对某些事件或者对象存在一定的认知和看法。认知行为疗法认为，每个人的情绪与他对遭遇的事情的认知有关，与这件事情本身没有太大的关系。

抑郁症包括三个基本元素：对世界的负性看法、对自身的负性看法、对将来的负性看法，它是一种持久的负面的认知表现。这个认知表现其实就是我们的思维过程，抑郁症患者思考的特点之一就是丧失了思维的客观性，倾向于看到事情不好的一面，而不是事情的全貌。

例如口渴的时候看到桌子上有半杯水。

客观的人就会想："桌子上有半杯水。"

乐观的人就会想："太好了，这里还有半杯水！"

而抑郁悲观的人就会觉得："唉，怎么只有半杯啊！"

这就是选择性地看到事情不好的一面，忽略掉好的一面。一个抑郁症患者先入为主地认为自己是个失败者，他的思维就会去寻找各种各样的细节来支持自己的这个假设，被喜欢的女生拒绝了，第一次尝试一种运动，结果表现很糟糕，这些都会成为失败的有力证据。

其实如果这样找,谁的身上都能找到一大堆挫败,但问题是,在这整个寻找过程中,抑郁的人通常倾向于去忽略,甚至没有看到那些支持我们"还行"的证据,例如自己曾多次出色地完成了某些工作和重大任务,获得了广泛好评,在某个专业领域,自己就是表现得比别人好,比别人更有天赋。在搜集证据去证明自己是个失败者的时候,忽略了相反的证据,这就叫作丧失了思维的客观性。

对于问题更严重一点的人,哪怕他们看到了这样的证据,也不会认可,会觉得:"唉,这算什么优点啊!这不是我认为的优点。"一般这样想的人会对自己和自己的表现有高度理想化的要求,认为自己理应做得更好,因此不接受现在的自己,不能放弃对自己的高要求,那自然就不屑于用平常的小事来肯定自己。结果就是长期对自己只有负面反馈,没有正面反馈,所以在他们的眼里,生活中处处是挫折。这反而加重了抑郁情绪和回避行为,在现实生活中也更加受挫。

这样一来,无论是回忆过去,解释现在,还是预测未来,我们的想法都是带着负性的标签和滤镜。因为我们总是记住那些不好的事情,随着时间越来越长,大脑越来越相信自己就是个失败者，这种选择性地过滤，带来对现实的扭曲解读，就叫作"认知歪曲"。

对于认知歪曲，通常治疗思路就是做认知矫正，在认知行为取向的心理治疗中，调整这种不合理的思维，就是治疗的关键。当然，每个人的认知歪曲不尽相同，采用的治疗方式也会有差异。

在这里，我分享一个类似"三件好事"的方法，叫作"积极事情记录"。

通过这个训练，我们能够看到生活中好的方面。这个概念其实来源于主张用幸福、快乐、感恩这样的积极情绪去预防心理问题出现的积极心理学。

"积极事情记录"就是要让我们做到"好"。积极情绪会让我们感觉良好，充分抑制消极情绪，每天的积极情绪和消极情绪的比例需要达到3:1，才能维持心理状态的良好。

具体方法如下：

每天即将结束的时候给自己十分钟时间，按照以下的四个步骤去一一记录：

第一步，写下今天遇到的一件好事；

第二步，记录下事情发生时的心情；

第三步，说明为什么会发生这样的事；

第四步,思考如何让这样的好事在今后更多地发生。

举两个例子:

1. 今天和朋友进行了视频通话;

2. 心情非常好,跟他聊得很开心;

3. 因为我主动给他发消息了,主动问候他,刚好他也有空,才有了这次通话;

4. 我平常不怎么联系他,现在看来我可以增加联系朋友的频率。

第二个例子:

1. 今天做了一次正念呼吸,我感到非常放松;

2. 心情是有成就感,因为很有效,我以后起码在焦虑的时候知道该怎么应对焦虑了。

3. 因为我选择了去跟着那个课程练习了。

4. 看来以后如果有想要解决的问题,我可以先不去质疑到底有没有效,而是可以先行动起来,去试试看。

通过这个练习,我记录下了能让我心情变好的事情,并且找到我具体做了哪个动作才带来了这份美好,进而想想如何增加这个动作的频率以便带来更多的美好。练习的核心是让我们能看到行为和情绪之间的关联。

在我每天坚持记录三件积极事情，并持续了一个月之后，我发现我的思维开始从习惯性地看到负面转而习惯性地看到正面。

正如前文所说，积极的行动可以改变习惯，习惯又养成性格，性格影响我们的命运。这个改变的过程也包括认知的全面改变，这也就是我们认知调整的过程。

我非常感谢这个治疗练习，它让我真正意识到积极的行动可以改变内在。当把一个思维的改变分解落实到可执行的具体行动上时，一切就变得没有那么难了。只需要坚持去做，就能获得改变，不再陷于大脑里的思维博弈，从内耗中解脱。

上面两个例子的共同点是，这些好的心情都是有行为推动才产生的。这其实是很多轻度或中度抑郁症患者所需要的，需要多做一些事情来获得好的体验。抑郁症患者去找心理医生时，通常做得最多的事情就是"躺平"。记得以前我在重度抑郁的时候，就是觉得一点乐趣都没有，出去能去哪儿啊，我还是在床上躺着吧。当然这个是重度的情况，如果还稍微觉得自己有一点力气，那一定要尽量地突破自己的心理障碍，出去走一走。因为抑郁时躺在床上并不是真正在休息，而是在不断地自我攻击和思维反刍。这会导致我们丧失获得外界正面反馈的机会，同时，又没有机会去逃离这些来自内心的负面反馈，导致情绪抑郁，从而进入恶性循环。

通过这样的积极事件记录能看到，我们其实是可以通过主动做一些事来让自己感觉更好。这种增加好的感觉，并不是说我们仅仅去吃喝玩乐，增加享乐，核心思想其实是通过调整我们看待事物的角度，获得不一样的体验。当我们剔除错误的观点的时候，很多痛苦也就随之消失了。换个角度讲，就会感到更积极了。

很多抑郁情绪的痛苦其实来自对比，来自关注生活中那些不好的、糟糕的部分。

比如我们设定了一个目标，只有升职加薪，我才能感受到快乐；只有买两套房子，我才能感到快乐；只有拥有美好的爱情，我才可以快乐……然后拿着自己的现状和这个目标做对比。对比就一定会发现差距。当我们发现这个差距自己怎么也改变不了而无能为力的时候，就会感到绝望，而绝望悲观就是抑郁症的典型表现。

当然，我这样说不代表我不认为赚钱或者拥有一段亲密关系是好事，是能让人幸福快乐的事，而是说，哪怕我们暂时没有这些东西，也依旧有能力、有权利感到快乐。我们只不过是选择了让自己难过，选择了让自己成为自己的敌人。如果一个抑郁的人不去培养感知快乐的能力，那就会把期待寄托在那些外界的事物上，钱、头衔、房子、被喜爱等。如果是这样，那我们这辈子大部分时间都很难快乐。因为这些全都是难以掌控的外部因素。

如果我们的快乐维度能够更多元化，例如晴朗的天气，感人的诗歌，哪怕是自己生活当中的一点小小的突破和成长，我们都会变得更容易快乐。

这就跟每个人笑点的高低不同一样。我们有着更加充足的情绪储蓄时，就可以抵抗那些不好的情绪，而且更重要的是，随着这一点一滴的记录，我们会变得更加积极，因此能够更容易地获得想要的外部因素，比如更高的收入、成就、被爱着。

选择看到生活当中的美好，选择看到那些"小确幸"，和成为理想中的那个心想事成的我们，并不是二选一的选择题，而是一个先因后果的顺序问题。

简而言之，如果我们能选择把注意力放在生活当中的美好上，就可以保持积极情绪。这不代表否定过去遭遇过的不幸，而是我们不主动去放大和聚焦这些消极情绪。

换一个心态，换一个角度，换一种观念来看待同一个事物，就会得到完全不同的结论。

4.正念疗法

"正念"最初源于佛教禅修，是一种自我身心调节的方法。

正念强调观察事物本身，包括我们的思考、情绪、身体感受等，有意识地关注当下，不评判，做开放的自我觉察。

正念疗法是对以正念为核心的各种心理疗法的统称。较为成熟的正念疗法包括正念减压疗法、正念认知疗法、辩证行为疗法和接纳与承诺疗法，是由美国麻省理工学院卡巴·金教授及其他几位心理学家共同创立的，对焦虑症、抑郁症、强迫症等精神疾病，都有较好的治疗作用。

现在，苹果手机的个人健康数据中也有正念指数。

正念疗法有七个要素：

好奇心：把每一次面对事物都当成第一次，保持新鲜感；

接纳：接纳情绪的真实存在，不否定，不急躁；

不评断：客观观察情绪或者事物本身，脑中能不偏颇地描述，不做主观评价和判断；

自我慈悲：珍爱自己，接受当前的自己，不做自我伤害和人格的批判；

平等心：对身心所有的体验都接纳并平等对待；

不刻意努力：正念过程中无须压抑某一种情绪，让其自然抒发，只是静静地观察它；

顺其自然：顺应事物自身发展规律，包括情绪的变化，不强制转变。

正念疗法的具体执行方法包括盲眼食物静观、身体扫描、步行冥想、观息冥想、正念聆听等。

其中,观息冥想我做得最多,在调节睡眠方面受益良多。

观息是借由观察自身呼吸,培养觉知和平等心,进而去除心的习性发展模式,达到心灵的净化。呼吸是每个人都拥有并能关注的对象,是生命的基础。观察呼吸,不仅可以加深对生命本身的理解,还可以使心变得稳定、敏锐和专注。

在心理学上,专心的呼吸运动是身体和心灵的一体练习,让身体和心灵合并,消除对抗的固有想法,回到真实的自我。具体方法如下:

(1)选择一个放松的姿势静坐。最好坐在硬实的地方,例如在地上铺一块瑜伽垫,将双腿盘起,双手自然置于膝盖之上,闭上双眼,将注意力集中在呼吸上,保持专注,感受气息由鼻孔吸入,经过咽喉,到达肺部,感觉肺部的鼓起,再舒缓地将气呼出,观察气流由胸腔逐步到达鼻尖,气息带着温暖和湿润到达嘴的前方。

(2)除了呼吸,什么都不做,什么都不想。不管是什么心态,产生什么想法,产生什么样的感情,心脏或身体产生什么样的感觉,无论是愉快还是不愉快,都要保持平静,也就是不去管他们。我们要做的就是继续观察,仿佛除了呼吸,其他一切对你来说都不重要。

这样每天练习两次以上,每次 20 分钟。

这个练习看起来很简单,但其实做起来还是挺难的,主要是摒除杂念没那么容易做到。身体放松比较容易,思绪则一不留神就跑偏了。

我在练习了两个月之后,才能做到 20 分钟不被杂念干扰,还不是每次都能做到。在练习了半年之后,我可以做到完全放空自我,每次练完后感觉整个人心静如水,心率可以降低到 60 多次 / 分钟。

睡觉前做观息练习,这对我的睡眠帮助很大。入睡时情绪更平静,气息更稳。运气好的话,可以做到 5 分钟内入睡。

以上是我参与过的一些抑郁疗愈方法。积极参与这些心理治疗的同时,我也在生活中寻找一些自我调节情绪的方式,例如听音乐、读诗、爬山。这些很常见,是大家都很容易做到的。

音乐,我不去限定听某一类型的,但过于悲伤的一般不听,舒缓的交响乐是我比较喜欢的,能够让身心跟随旋律舞动。

诗歌是人类语言的精髓,读诗可以从中汲取力量。当我们大声吟诵出诗歌时，情绪得以释放，新的能量注入我们的身体。我特别喜欢的一首诗是汪国真先生的《热爱生命》，每每犹豫彷徨时，它总能带给我无限的力量，支持我继续前行。另外，读诗还给我带来了一个意外的收获，帮助我练习了腹腔和胸腔发声。我现在去授课时，声音明显更洪亮也更有穿透力了，能做到发声收放自如。

爬山则是放空自我、净化心灵的一种很好的方式。我尤其喜欢去爬一些人烟稀少的大山，在这里，可以听着自己的脚步声和呼吸声前行。那种感觉特别踏实，仿佛世界一尘不染，能感知生命的存在，纯粹而不孤独。

不得不说，在这一路走来，我要感恩的人太多，他们或是帮助我，或是鼓励我，或是给了我一个暖心的拥抱、一个明媚的微笑。治疗师们用种种方法一步一步引领我走出困顿，教会我正视自己的一切，放下但不遗忘，平静但不冷漠，坚持但不妄加桎梏。

这些疗愈方法值得你去尝试，不管你是正在抑郁中，还是内心彷徨。正确的方法会帮助我们，也能给我们一双发现美好的眼睛，帮我们净化自己的心灵，感恩身边人。

世界未变，但我们的感知正在改变。

3.2 正视心理创伤

奥地利心理学家阿尔弗雷德·阿德勒说过：幸运的人，一生都在被童年治愈，不幸的人则一生都在治愈童年。成年人大部分心理疾病都源于小时候的创伤后遗症。

童年时期遭受的创伤不会随着时间而被淡忘，甚至可能会伴随受害者一生。韩国三星首尔医院精神科全洪镇教授领导的研究小组发表过一组研究数据。该数据显示，童年时期遭受过霸凌的人成年后患抑郁症的概率比未经历过霸凌的人高 1.84 倍。该研究小组的统计样本为 4652 名成年人（平均年龄 49.8 岁），其中共有 216 人（4.64%）被诊断出患有抑郁症。针对这些抑郁症确诊患者，研究小组调查了他们童年时期经历的创伤，并对这种创伤与成年后患抑郁症之间的关系进行了比对分析。结果显示，他们在童年时期经历的创伤类型主要为心理创伤、身体创伤、情感忽视、霸凌及性暴力。其中，与成年后抑郁症发作关联最大的则是霸凌。早在几年前，我就曾听一位韩国朋友说过，韩国的校园霸凌现象十分普遍，几乎在每个校园都存在，已经极大地引起了社会关注，我们通过韩国的一些影片也能窥其一二。而近些年，在我国，也相继有一些新闻媒体报道校园霸凌现象，虽然还不是很严重，但也要及时遏制住风气，否则会导致严重的青少年社会问题。幸运的是，政府的相关部门已经对校园霸凌现象给予了高度重视，并采取了多种措施遏制这类事件的发生，也在校园中建立了多种反馈问题的渠道，并且做了大量宣传工作。我的孩子现在还在幼儿园阶段，但我已经收到了政府部门下发的关于校园霸凌该如何应对的教育视频，并要求家长和子女共同完成观看。这是一项非常好的举措，尽早告知青少年该如何应对霸凌，可以及时制止不必要的伤害，也让家长和孩子能就暴力问题更好地沟通。

无独有偶，全球医学权威杂志《柳叶刀》在2022年发表了一篇文章，是童年创伤荟萃分析研究团队根据实验研究数据进行分析得到的重要研究成果，主题是童年创伤与抑郁症的关系。此次研究是近些年最大规模的、覆盖面最广的一次调研。研究结果显示，有童年创伤经历的人群，更有可能患上重度抑郁症，抑郁的症状也会更加严重。

此次研究的对象包括 6830 名参与者，其中 62% 的人有受过童年创伤的经历。创伤的类型包含：情感忽视、情感虐待、身体忽视、身体虐待和性虐待。

研究结果显示，与没有童年创伤的抑郁症患者相比，经历过童年创伤的抑郁症患者在基线水平上的抑郁严重程度显著增加。但好消息是，虽然经历过童年创伤的患者在治疗前的抑郁症状更严重，但与未经历童年创伤的患者相比，无论是在药物治疗方面，还是在心理干预治疗方面，其治疗的效果都更显著一些。

我生长于湖北黄冈市红安县的农村，童年时期倒未受到任何实质性的创伤。我是在母亲陪伴下长大的。我父亲是一名货车司机，工作于另外一个城市，虽然只有 90 公里的距离，但在那个年代，对于童年的我，那是一个很遥远的距离。记得小时候要去到父亲那里，需要转三趟车，中途还需要坐轮渡过江，汽车直接开上船去摆渡到对岸。这个过程那时倒是觉得很新鲜、好玩，只是大人不让下车，只能在车上看着黄黄的江水。

童年时与父亲相处的画面，我其实已经记不太清，只有模糊的零星的画面。印象深刻一些的是父亲每次从外地回来，带着各式各样的礼物，我高兴地拆开礼物的画面。父亲每年在家的日子可以数得出来，所以我的回忆里，似乎不太有与父亲玩耍的画面。对于父亲的概念更多的是我长大后通过理性的思维构建出来的形象，包括血缘亲情，也是理性的层面居多。

所以，我的童年是在母亲的熏陶下度过的。母亲是温柔的、智慧的，对我的影响很大，但在成年后，我分析自己的性格，其实是缺乏一些血性的，偏柔。按现在的评判标准，应该算一个暖男，心思细腻，情绪稳定，但缺乏果敢刚毅的一面。在性格色彩测试中，一直以来也是以绿色型人格为主。

父亲于去年离开了我们。在他最后的日子里，我在医院守了三个星期。那段日子里，回忆了很多，也思考了很多，这可能是我跟父亲为数不多的如此亲密的接触。虽然他已经无法用语言表达自己的想法，但通过眼神，还有我们握在一起的双手，激发了我内心最感性的一面，泪水是发自内心最真切的感受。很遗憾，在父亲生前，我没有主动跟父亲做太多的深层次的交流，更多地是停留在事务性的沟通上。

我的童年经历与抑郁的关系我也说不清楚，无法做直接的映射，但医生的诊断意见是可能具有相当的关联性。

抑郁症患者痛苦的三个层次依次是：现实层面痛苦、意识层面痛苦、潜意识层面痛苦。而其中,潜意识层面的痛苦就是抑郁症的根源。大部分患者只能够觉察到前两个层次的痛苦,并在现实层面和意识层面做努力,其实问题真正的核心在于潜意识层面的痛苦。什么叫作"潜意识痛苦",它是如何影响和控制我们的人生导致抑郁症的?

潜意识痛苦就是我们早年经历的创伤所带来的痛苦体验。这种体验如此深刻,被吸收和内化,成为我们生命的背景。就像空气,我们每天都在呼吸,但是我们却感受不到它的存在。潜意识层面痛苦也是如此。潜意识层面的痛苦具有弥漫性、持久性、模糊性的特征。简单来讲,这种痛苦会像空气一样弥漫在人生的每个角落,无论是独处还是群居,痛苦的感觉都会存在,而且这种痛苦并不会随着时间的流逝而消失。

潜意识痛苦为何如此强大?

如果不加觉察,活着的每时每刻,都在体验着早年的创伤,就像是无限循环播放的背景音乐。

但潜意识痛苦也有一个致命的弱点:当你不再惧怕它,不再逃离它,勇敢面对它的时候,它就会慢慢地消失不见。如何面对它,不再惧怕它?难点在于你如何去发现它,看到它。因为潜意识痛苦是无形的、弥漫性的。我们需要像侦探一样,通过蛛丝马迹去破案。从哪里去寻找？我们需要从现实层面、意识层面的痛苦中去发掘潜意识的蛛丝马迹。接下来，我们去寻找潜意识。在这里先了解两个非常重要的心理现象，一个是"止疼药效应"，另一个是"刻舟求剑效应"，这是抑郁症患者身上经常存在的心理现象。这两个效应也会阻碍我们去发掘潜意识痛苦。

止疼药效应：顾名思义，就是为了缓解疼痛，短暂地服用镇静类药物，同样也有一些心灵止疼药。抑郁的朋友为了缓解精神痛苦，选择一些行为来麻痹心灵，逃避痛苦。举例来讲：一位抑郁症患者，每当痛苦的时候都要去寻求性服务；还有一些抑郁症患者把自己关在家里，拒绝和外界的联系；还有的抑郁症朋友痛苦的时候去寻求爱情的抚慰，不断地谈恋爱。这都相当于在服用止痛药，虽然可以缓解疼痛，但也是在麻痹自我，只会让自己进入痛苦——寻找止疼药——痛苦——寻找止疼药的恶性循环。终有一天他们会发现，赖以缓解止痛的方式效用越来越弱，不得不寻找新的止痛药。

刻舟求剑效应：过去丢失的东西，放到现在去寻找。在心理学上就是过去没有被满足的需要放到当下去满足。这样做的必然结果是丢失的东西永远找不到，需要永远无法被满足。举例来讲，早年不被爱的孩子，在长大后渴望从自己的伴侣身上获取缺失的父爱或母爱，他/她会在恋爱或者婚姻中以自我为中心，像孩子一样需要被爱被呵护。需求不被满足时，会情绪化和歇斯底里、责怪对方不爱自己。他/她渴望从伴侣身上得到父母的爱，但伴侣永远只是伴侣，无法承担父母的角色。经历这类创伤的孩子，成年后毕生的努力都是在寻求父爱或者母爱，而不是成年人之间成熟的爱。

寻找"止疼药"和"刻舟求剑"几乎是抑郁症患者每天都在做的事情。之所以会出现"止疼药效应"和"刻舟求剑效应"，和创伤的性质有关。早年的心理创伤具有破坏性，会让一个人的心理发展停滞在某个阶段。生理年龄在不断地增长，心智却停留在创伤发生的那一刻。痛苦会在今后的人生中强迫性重复，让人并不断地去寻找止疼药和寻求依赖的对象。

我们进行心理自我疗愈的过程就包括以下5个步骤：

1. 审视现实层面的痛苦

审视现实层面的痛苦的目的是引发思考。对现实世界中遭受的失败有一个客观的认识，进而思索这件事本身是否足以引起我的抑郁情绪，是否严重到把我推向了抑郁症，是否有内心更深层次的原因，包括童年的阴影、曾经的重大伤害等。

2. 体验和觉察意识层面的痛苦

这个过程本身可能会带来一些不适和痛苦，但即使如此，我们也不应该逃避，这是我们接近自己的潜意识必经的过程。意识层面的痛苦好比一把钥匙，是通往自身潜意识的入口。意识层面的痛苦，可能是无助，可能是沮丧，也可能是生活失去意义，不管是哪种痛苦，都需要我们十分清楚地分辨到底是哪种情绪或者感受让我们陷入了巨大的痛苦之中。这个痛苦是真实的吗？有没有可能是我们自己放大了痛苦导致的？

3. 联系潜意识痛苦

潜意识的东西往往与我们的过去有千丝万缕的联系，例如我们在童年时期缺乏父母的陪伴，或者在成长阶段缺乏父母的支持，打击我们的积极性成为常态，或者所处的生活环境带来的长期的心理的压抑。这些都有可能导致成年的我们存在某种情感能力缺失。当这种能力缺失体现在具体事情上，就给我们带来了极大的精神痛苦。常言道，每一个脆弱的成年人内心都住着一个曾经受伤的孩子。在这一层面，需要我们追溯有没有什么童年记忆关联着当前感受的痛苦。

4. 拥抱受伤的内在小孩

曾经的童年创伤已经无法改变，当下我们能做的就是疗伤。

接受曾经发生的。生命无法重来一遍，所有的经历都是人生的一部分，不完美是人生常态。可能大部分成年人对于原生家庭都有一些抱怨，我们也很容易将自己的问题归因于原生家庭，现代很多心理研究也是这个方向。虽然事实上没有错，但似乎这也无益于改善当下的我们，唯一能做的只能是接受，打心底里接受。只有接受了才能放下曾经的伤痛，从而抚慰当下的自己。

5.挑战舒适区，建设新模式

成长通常源于痛苦，正所谓"梅花香自苦寒来"，人的一生本就是在一次次挫折中完成的蜕变。要想与过去的自己达成和解，只有走出当下的舒适圈去迎接新的挑战，开启人生新模式。在性格分析理论中，我们会经常提到红色人格、绿色人格等类型，对于性格测试的结果一般建议对缺失的色彩进行补充加强。而有一个现象很有意思，每个人在成长过程中，性格的色彩会随着经历改变。我有一位认识多年的朋友，曾经是绿色人格，但后来因为工作需要，每天要跟几十个客户或者经销商沟通各种事项，经过几年的磨炼，她的性格色彩发生了改变。再次测试时，红色人格明显增强，如果按照PDP（行为特质动态衡量系统）职业性格来分类，已经从考拉型转变为老虎型加孔雀型。虽然这种通过挑战舒适区，开启新的行为模式的过程有些痛苦，但由此带来的改变是显著的。现在的她充满自信,走到哪里都带着阳光。

做出改变的过程也许漫长,但却充满意义和乐趣,因为你会看到不一样的世界和自己,所以请保持耐心,用积极的行动来改变自己。

3.3 自我关怀，保持身心平衡

抑郁症的疗愈需要有好的生活状态，保持身心平衡对于抑郁症患者尤为重要。

如果要对身心平衡下一个定义，可以解释为：身心平衡是指生理的康健和心理上的健康，不管在任何时候，都能达到身体与精神的高度和谐与统一，保持一种高能量的状态来面对学习、工作及生活。

几千年前，古印度就有了瑜伽术。瑜伽不仅是练习身体的柔韧方法，更是保持身心平衡的好方法。我国的五禽戏、八段锦也是实现身心平衡的良好训练方法。在进行冥想、呼吸等训练之后，人体出现一个较为缓和的气场，内部能量的流动比较均匀，人会感觉到肌肉松弛,神情放松,有一种置身于大自然中的美好感觉。

近几十年来,人类科技高速发展,人们的生活方式发生了很大变化,生活更便捷的同时,生活压力也越来越大。在快节奏的生活中要想保持身体和心理的健康,保持身心平衡就愈发重要了。

但想保持身心平衡并不容易。我们身处社会大环境中,人际关系、人生际遇、事情走向常常与我们的心意背道而驰,正所谓"人生不如意十之八九",不如意令我们产生不好的情绪,会打乱原本的平衡。

大部分人承担着很多生活责任,包括家庭、工作和经济等。对许多人来说,尤其是母亲,由于要照顾孩子,就算只是想先洗个热水澡放松一下再做家务也时常不能如愿。在纷纷扰扰的日子里,要想保持身心平衡,自我关怀就是必不可少的。没有自我关怀,就没有稳定的情绪健康。

以我为例,承担着成年人上有老下有小的压力,也正如前文所说,承担着给自己赋加的家族希望,有时真的无法很好地进行自我关怀,甚至已经失去自我。我只是疲于支撑,尽力保住家人们所期望的一切。

很长一段时间里,缺乏自我关怀导致我身心疲惫,变得很累,无法承担那些需要处理的工作。无论是家庭责任、紧张的工作,还是重要的决定,自我的"独处时刻"不足,进而影响工作能力和执行能力。

我在后来的主动学习中,逐步了解到自我关怀的重要性和力量,其本身并不会对健康产生显著影响,但它可以让人放松身心,从而促进身体的健康。医学研究表明,放松身心会引起多种激素变化,进而提高免疫力,减少压力感,并帮助调节情绪。

自我关怀的益处

1. 身体健康

很多研究表明,自我关怀活动可以激活我们的副交感神经系统。简单洗个热水澡或者看着电视吃点零食就能增强免疫系统。简单说就是自我关怀让情绪变好,引发的连锁反应也会使身体变得更健康。

我曾经认为自我关怀是一种自私的东西,以自我为中心的人才会这么做。实际上自我关怀不是指简单地在自己身上花点钱,买点衣服,买点好吃的满足一下自己的口腹之欲,还包括很多能让自己心情愉悦、身心放松的行为。所以,真正的自我关怀往往是免费的,它简单而平和,值得每个人拥有。

2. 提高自尊

自尊和自我关怀之间是有联系的。首先，在你宠爱自己之前，要知道自己是值得被宠爱的。经常关怀自我实际上是向大脑发出了一个信号："是的，我值得被好好对待。"长此以往，形成高自尊正循环，自信的笑容会洋溢在你的脸上。

3. 读懂自己的内心

当开始进行自我关怀时，每一天我都会有意识地去解读内心的真实想法。随着解读次数的增加，思考会越来越深入，对自己的认知和定位将更深刻、更清晰。一个人只有真正懂自己，才有可能获得快乐，才不会活成别人眼中定义的那个你，而是一个纯粹的、你想成为的你。

4. 自我反思和独处时间

每个人性格都是不同的，内向与外向的程度也不同。一些人喜欢社交，而对另一部分人来说，社交则是一种"折磨"。自我关怀可以算是一种社交"暂停"，这对内向的人来说是很重要的，因为他们通常需要一些独处的时间。而且，在更大的范围内，自我关怀也可以给我们提供自我反思和自我分析的机会。这种反省的机会可以给人们带来内心的平静，对自我价值的认同和对自己的真正欣赏。没有这些，就不可能有良好的心理健康状态。

自我关怀的行动指南

根据亲身实践经验，我总结了以下几点自我关怀的方式：

1. 加入对生活持积极态度的社交圈

人是受周围环境影响的，身处积极阳光的环境中，可以身心愉悦。例如，当我们心情烦躁时，通常会选择到大自然里散散心。那么社交圈也一样，我们可以根据自己的性格和喜好，寻找一些适合的社交圈，在这样的社交圈中，我们的身心可以得到放松，能和朋友进行愉悦畅快的沟通。

我性格比较内向，不善表达，也不善于维持广泛的人际关系，但如果有兴趣相投的朋友，我也能侃侃而谈，也很享受与人进行深层次的思想交流。我选择加入了一个两性沟通交流组织。在这里，我可以贡献我的心理学知识和个人的生活哲学，帮助处于迷茫中的朋友。当朋友们的问题得到解决时，我的自我感觉棒极了，能够发挥价值让我快乐。我还加入了户外运动组织，在那里有一群有趣的朋友，一路上我们充满了欢声笑语。

2. 良好的饮食习惯

以前我的饮食习惯很不好，总是能给自己找到诸多借口不吃饭，例如胃口不好、太忙了、不好吃等，导致出现肠胃不适，时常反胃酸，肠道敏感，稍有不慎就腹泻等。

心理状况与身体状态是密不可分的，人的内外是一个整体。而身体健康的基础是良好的营养摄入。首先，需要规律的饮食，就跟睡眠一样，需要规律化，让身体产生记忆，到了时间，身体自然会做出反应。其次，注重饮食的营养均衡，保障身体日常需要的蛋白质、微量元素等。

当我确诊患有抑郁症后，医生建议我调整好饮食习惯。为此，我专门请教了营养师，为自己制订了饮食计划和每日食谱。这么做的效果非常显著，调整饮食后不仅身体能量充足了，就连睡眠质量也奇妙地被改善了。

3. 坚持锻炼

医生建议我每天至少坚持锻炼 30 分钟以上。对于日常不喜欢运动的人来说，刚开始不要太在意锻炼时长，保持不感到疲劳的锻炼强度即可。因为锻炼最重要的是持之以恒，坚持每日进行锻炼，培养习惯。所以开始时不要给自己太大压力，只需要坚持就好了。可以下班后少用代步工具，多走一段路，办公时以站立代替坐着，参与一些球类活动等。不管什么时候，都可以采取忙中作乐的养生方式。我曾经喜欢打篮球，但随着年龄的增长，打篮球这一运动对我的膝盖损伤太大，所以后面这些年我酷爱走路。如果是周末，我可以走十几公里。在武汉时，我最喜欢的路线是从光谷出发，穿过华中科技大学、中国地质大学，沿着东湖环线一直走。环湖一周，既可欣赏风景，沿途还可以享受一点美食。

在深圳时，可以选择往东或者往西，大小南山、滨海大道、仙湖植物园都是不错的去处。在荔枝成熟的季节里，走到荔枝公园去逛一圈也是不错的选择，不仅锻炼了身体，还可以顺便买上点新鲜荔枝吃。

在广州时，则喜欢到生物岛上闲庭信步一番。

4. 保证充足的睡眠

专家建议每日保障 7 小时睡眠时间。当然时间的长短不是固定的，每个人合适的睡眠时长会有差异，这取决于睡眠质量。睡眠好不好的标准是白天精力是否充沛。我喜欢睡前看一会儿书，但建议不要看小说类，可以选择传记、旅游、美食、散文等书籍。看书能让我的心率慢下来，帮助我快速入睡和提高睡眠质量。如果有条件，还可以睡前吃一些含有褪黑素（Melatonin）的补充剂，这也对睡眠很有帮助。如果遇到烦恼，影响了睡眠，可以尝试一下冥想练习。睡眠不足对健康、意志力和抗压水平都有不良影响，所以一定要重视睡眠。

5. 制订个人目标

另一种形式的自我关怀是给自己设定一个目标，并且这个目标是在自己能力范围内可以达成的。取得成就感会带来身心愉悦，目标的实现总是能让我看到自己的价值，充满继续前进的力量。不管你的目标是关于爱好、艺术还是一门语言，只要把目标和个人成长共同纳入自我关怀，就会获得良好的体验。

每年春节，我都会做一件事，就是列出下一年的目标。大多数目标我都实现了，而那些不能实现的目标，我都会在下一年重新审视。

在网络上，很容易找到这样的简化版自我关怀量化表，非常适合你做一个初步的自我评估：

自我关怀程度测试量表						
序号	项目	从不如此	偶尔如此	一半时间如此	经常如此	总是如此
		1	2	3	4	5
1	我不满意自己的弱点和不足，并喜欢对此进行评判					
2	我感觉低落的时候，容易沉浸在自己的情绪里，并且总是关注不好的事情					
3	当我遭遇困境的时候，我把困难当作生活的一部分，我相信每个人都会遇到困难					

续表

4	当我想到自己的不足时,我更加觉得自己孤立在人群之外,与世隔绝					
5	当我情绪痛苦时,我会尝试给自己一些关爱					
6	当我把一件重要的事情弄砸时,我被无力无能的感觉所吞噬					
7	当我低落萎靡时,我提醒自己:世界上还有很多其他人和我的感受一样					
8	当情况真的很糟糕时,我对自己也很苛刻					
9	当我感到受挫时,我试着调节自己的情绪					
10	当感到某些方面能力不足时,我试着提醒自己:大多数人都认为自己能力不足					
11	我无法容忍自己性格中我不喜欢的部分,对此也没有耐心					
12	当经历苦难时,我给自己以需要的关怀和温柔					
13	当情绪低落时,我觉得大多数人都比我幸福					
14	当令人痛苦的事情发生时,我试着从正反两方面去看待这个事情					
15	我视失败为生活必不可少的一部分					

续表

16	当看到自己不喜欢的那部分自己时，我感到很沮丧					
17	当把一件重要的事情弄砸时，我试着用正确的眼光看待问题					
18	当用力挣扎时，我觉得其他人的生活肯定比我容易					
19	当遭受痛苦时，我不会苛责自己					
20	当受到挫折时，我会被不良情绪淹没					
21	当遭遇一些痛苦时，我会非常沮丧					
22	当我感觉低落时，我对自己的情绪抱有好奇和开放的心态					
23	我能包容自己的缺点					
24	当痛苦的事情发生时，我总会放大这个事情					
25	当把一件重要的事情弄砸后，我总感受到失败者的孤独					
26	我试着理解自己性格中我不喜欢的部分，并耐心对待					

分值计算方法：

善待自己（self-kindness）得分：第 5、12、19、23、26 题的平均分；

自我评判（self-judgement）得分：第1、8、11、16、21题的平均分；

共通人性（common humanity）得分：第3、7、10、15题的平均分；

隔离（isolation）得分：第4、13、18、25题的平均分；

静观（觉知当下）（mindfulness）得分：第9、14、17、22题的平均分；

过度识别（over-identified）得分：第2、6、20、24题的平均分。

总分计算公式：最终得分＝{善待自己分值＋共通人性分值＋静观分值＋（6－自我评判分值）＋（6－隔离分值）＋（6－过度识别分值）}/6

最终得分解读：

自我关怀度低：1~2.5。

正常范围：2.6~3.4。

自我关怀度高：3.5~5.0。

3.4 好好吃饭,我就能获得力量

这些年,经常听到年轻人说一个词"干饭人"。我很喜欢这个词,听起来就很带劲。"干饭",听起来多么有力量,多么有激情,相较于"吃饭"这个词,"干饭"更有狂野且豁达的气势!对于抑郁症患者而言,这份精气神是一剂良药。

但光有这份气势还不够,我们还需要用科学合理的饮食来调节身心。关于好好吃饭,我们都知道它对健康很重要,而且也知道身体的健康会影响情绪,在这里就不再赘述,这里想给大家分享一些我们可能忽略的信息。

肠道被称为人类的第二大脑。这点似乎古人已经领悟,"荡气回肠""肝肠寸断""牵肠挂肚",这些成语暗示了肠道和产生情绪的脑有千丝万缕的联系。后经科学家研究证实，大脑和肠道确实存在某种联系，肠道反应能够影响中枢神经系统，进而影响人的认知和行为。比利时杰若恩·雷斯教授及其团队做过一项研究，研究结果证实了抑郁症与人类肠道菌群的构成有关。无独有偶，西方医学之父希波克拉底的理论与此也是吻合的，认为人类的疾病均是源于肠道问题。若将人体比作一棵树苗，那胃肠道便是树苗的根基。一旦肠道微生态平衡遭到破坏，有益菌减少，不仅人的情绪变得消极，还可能诱发高血糖、高胆固醇和其他身体疾病。很显然，轻松愉快的外界环境和基因遗传因素并不是我们能够完全掌控的，但选择吃什么、怎么吃却是我们切实可控的。

在我国，重庆医科大学谢鹏团队也做了一项很有意思的研究，研究成果同样也显示了肠道和抑郁症的关联性。研究结果显示肠道微生物的改变会通过菌—肠—脑轴影响大脑的正常工作，引起压力、焦虑或抑郁等心理反应。

谢鹏团队把无菌小鼠及无特定病原菌的有菌小鼠分为4组，其中2组实施慢性束缚应激处理。这一组的小鼠每天被束缚4小时，持续21天。结果发现，相比于无特定病原菌的有菌小鼠，无菌小鼠的焦虑行为较轻，且下丘脑—垂体—肾上腺（HPA）轴中的促肾上腺皮质激素释放激素水平明显提高。这个研究从数据上证明了肠道微生物影响大脑的程度。谢鹏团队还对比过严重抑郁症患者和健康人员的肠道微生物差异性，发现存在一定的不同之处，严重抑郁症患者的肠道存在一部分独特的微生物。

事实上，大部分抗抑郁药物也要通过肠道微生物来起作用。

还有其他一些团队的研究也验证了压力会引起肠道菌群改变，缓解压力能使得肠道菌群也跟着变好。

研究人员先给焦虑患者进行减压训练，通过持续的正念训练来帮助他们缓解压力，随后，再给患者进行综合认知心理治疗和饮食干预治疗，最终，患者的焦虑症状有了明显好转，并且肠道微生物也快速恢复了正常。这样看来，那些压力引起的肠道菌群紊乱，确实是可以通过非药物的心理咨询、瑜伽、冥想、正念训练等减压方式得以修复的。最近，加拿大滑铁卢大学的一项随机对照研究显示，10分钟以上的冥想就可以有效预防焦虑状态。

除了通过缓解大脑压力，菌—肠—脑轴是肠道和大脑之间上下沟通的渠道，单纯调节这个渠道中的信号分子也可以发挥强大的作用。褪黑素是一种内源性激素，由另一种神经递质5-羟色胺衍生而来，是一类具有保护幼体或抗衰老作用的物质。有相关研究数据表明，褪黑素同时还具备调整动物昼夜节律、提高睡眠质量、改善睡眠障碍、调节内分泌等作用，常被用于治疗失眠。

随着人们生活越来越好，也越来越关注吃，长期的高糖高脂饮食可能会让我们患抑郁、便秘、胀气、腹泻、胃疼的风险直线上升，因此养好肠道已成了现代人最迫切的需要。那么，如何才算得上"好好吃饭"？除了科学作息、运动和好心情，规律的高纤、高蛋白、低脂饮食更有利于健康肠道菌群的构建，防止"有害菌"揭竿而起，避免炎症反应及慢性疾病的发展。

所以，当你情绪低落的时候，别忘了好好吃饭。因为你的朋友——肠道菌群还"饿着"，给它们提供能量后它们会帮你度过抑郁的低谷。除此之外，日常生活中还可以适当补充益生菌、多吃水果蔬菜、全谷物类及发酵食品，帮助肠道内健康微生物的生长，有益于我们的免疫系统和全面健康，毕竟健康要从"肠"计议。

那么什么样的饮食是可以保护好胃肠道，能让我们保持健康，可以提供力量的呢？

深海鱼

深海鱼体内有一种物质叫欧米伽-3脂肪酸，能让人心情更愉悦。

葡萄柚

葡萄柚富含维生素C，可以提高身体免疫力和抗压能力，同时也是制造多巴胺等让人兴奋的物质的重要成分。

香蕉

香蕉中的生物碱物质可以有效缓解情绪压力。

菠菜

菠菜中含有大量的铁质和叶酸，是机体所必需的两类微量元素。一旦缺乏，就很可能引发抑郁症等精神性疾病。并且，叶酸和铁质摄入长期不足的人，可能会出现失眠健忘、情绪焦虑等症状。久而久之，就会诱发抑郁症。

樱桃

樱桃被称作"自然界的阿司匹林"，含有给人制造快乐情绪的花青素。

蓝莓

研究表明蓝莓具有抗抑郁的潜力。贵州省生物研究所一项研究发现，服用富含抗氧化剂的蓝莓果汁和蓝莓提取物有利于防止产后抑郁。很多产妇会出现暂时性的情绪波动，严重者则形成产后抑郁症。蓝莓能给产妇提供色氨酸和酪氨酸，从而抵消产妇生产后大脑中的一种令人感觉很好的荷尔蒙的损失。

糖类食物

吃糖类对脑部有安定的作用，多糖类能提高脑部色氨酸，以此安心定神。

忌口

少食富含饱和脂肪的油炸食品，脂肪抑制脑部合成神经冲动传导物质，并造成血球凝集，导致血液循环不畅，尤其是脑部血液流动。

我们都知道营养供给对于有身体疾病的病人恢复健康很重要，但对于精神类疾病，则容易忽略营养的重要性。精神类疾病往往让人把注意力都集中在精神层面，然而根据心理学者们的研究，精神类疾病也与我们的身体状况是否足够健康有很大关联性。保持健康的饮食，调节好身体状态，对治疗抑郁症也十分重要。

3.5 负面情绪来袭，别慌，深呼吸

负面情绪是每个人都会产生的，不可避免，并非我们拥有足够好的心态，就能完全避免负面情绪。既然其存在，就需要正视它，并且寻求因势利导地疏解负面情绪。关于这点，可以研究一下王阳明心学，吸收圣人的思想精髓，可以让我们更深层次地认知自我，将其应用在疏导负面情绪上。

我们从哲学角度来解读一下负面情绪。

禅宗：禅宗的实践方式可以有效帮助我们控制负面情绪。通过冥想静心，我们可以放松身体和头脑，从而减轻负面情绪。例如，通过冥想我们可以学会潜心观察自己的思想和情绪，但不去评判它们或陷入情绪中。这种观察有助于我们理性地对待自己的

情绪。

斯多葛哲学：斯多葛哲学是古希腊的一种哲学，它强调自制和冷静思考的重要性。斯多葛哲学认为我们不能控制外部环境，但可以控制自己的反应和态度。例如，当我们遇到挫折时，我们可以通过着手我们能够控制的事情，如态度和行动，来应对负面情绪。

爱德华·德·波福哲学：爱德华·德·波福强调人的自由意志和责任。他认为，我们需要意识到自己的情绪是自己产生的，而不是由外界造成的，因此，每个人需要对自己的情绪负责。例如，当出现愤怒、焦虑等负面情绪时，我们可以通过积极的行动来控制和改变这些情绪，例如参加积极的团队或者互助组织。

负面情绪控制对于个体的身心健康和社会交往都具有至关重要的作用。情绪管理既是一种必要的技能，也是一种智慧的体现。在实际生活中，不可避免地会有很多因素引起负面情绪。因此，负面情绪管理能力的学习和实践是每个人都应该注重的事情。对于抑郁症患者来说，更是必不可少的。

负面情绪管理能力的学习和实践主要涉及以下几个方面：

1. 自我审视

重视个体的自我认知和自我审视，这有助于我们更好地了解自己的情绪和行为，从而更好地控制自己的情绪。换句话说，就是对自我的定位和认知，决定了面对事情时我们的心态是否足够平和，对得失的看法是否客观，这将直接影响我们的情绪走向。

2. 人生观和价值观

人生观和价值观影响我们生活的方方面面，例如对于生活的理解，对待金钱的态度，这些观点会影响我们如何看世界，也决定了我们将最终走向哪里。每个人都应该拥有自己的一套完整的底层逻辑。在此基础之上，衍生出对万事万物的态度。这方面，也有很多心理学知识可以学习，例如情感边界等。

3. 内心的宁静

哲学也强调内心的宁静。在宁静的状态下，我们更容易控制自己的情绪。例如，当下越来越多的人通过冥想来达到内心宁静的状态，这可以有效帮助放松我们的身体和头脑，从而减轻负面情绪。

另外，负面情绪控制还需要个体注意以下几点：

了解自己的情绪和触发因素。个体需要学会观察和分析自己的情绪和触发因素，从而更好地了解自己的情绪状态和应对策略。

接受负面情绪。负面情绪注定是生活的调味料，无法避免，个体需要学会接受和面对这些情绪，而不是试图逃避或掩盖它们。

持续实践。负面情绪控制是一种技能,需要不断地实践和练习才能不断提高。

寻求专业帮助。如果个体发现自己的负面情绪控制能力无法应对当前的情况,寻求专业心理医生帮助是最有效的方法。

最后,需要指出的是,负面情绪控制并不意味着个体需要永远控制自己的情绪。有时,释放情绪也是必要的,尤其是个体在经历人生重大变故时,需要让情绪流动起来,让其有效释放,否则容易积郁成疾。

调整情绪,我通常用以下方法:

1. 按下暂停键

停止与他人、与自己的对抗行为。

2. 专注呼吸

正念呼吸让我快速平静下来。

3. 观察

不带评判地观察自己的身体,感受哪里最不舒服。

4. 安抚自己

将意念集中在不舒服的地方,通过呼吸调节不舒服的感受。

5. 与情绪展开对话

探寻产生情绪的原因。

6. 思考应对方法

寻求采取什么样的行动可以缓解负面情绪。

这里，特别要跟大家分享一下呼吸的意义。

有一句话是"除了呼吸，什么都不要做"。治疗抑郁症期间，医生向我介绍了一个管理负面情绪的好方法："深呼吸，数十下。"做这个动作，用不了5分钟，人就很容易从失控的状态平静下来，找回理性。那些伤人伤己的咆哮、暴怒，就会慢慢消散，我们就能找到更好的办法处理当下的一地鸡毛，让人生进入良性循环。

前面说过正念疗法，这里再着重谈一谈正念呼吸方法。

1）准备：为了更好地进入状态，可以找一个安静的、不容易被打扰的空间。找一个干净的垫子，平躺在上面，也可躺在床上，双手平放于身体两侧，双脚微微张开，向外舒展，放松。你也可以选择坐着，挺直脊背，肩膀放松，双手放在大腿上。

调整舒服姿势后，慢慢地闭上你的双眼。专注于你的呼吸，将你的心绪从其他想法中带回到此刻。花几分钟感受自己的气息运动和身体与地板或者床椅接触面的感受。

2）专注呼吸：随着每次呼吸的进出，认真感受腹部。第一次练习可将手放于肚脐周围，这样可以体会到手掌触碰腹部的感觉，让意识集中到该部位。即使手移开，还是可以进行聚焦。

用心体会吸气时腹部轻微升起的感觉以及呼气时腹壁的紧缩感。当你每一次呼吸时，请充分体会呼吸带给身体每个部位的感受，让注意力跟随着空气在身体里流动，尝试去捕捉身体各个部位的每一个细小的感受和动作。不需要思考或者判断，只需要感受和体验。

呼吸的节奏可以采用478呼吸法：

第一步：4秒吸气阶段。舌抵上颌，提肛。体会气吸到脚后跟的感觉。

第二步：7秒憋气阶段。让气体充满全身，体会气体散到全身的皮肤，想象全身像气球似的鼓起来。

第三步：8秒吐气阶段。舌抵下颌，无声唱"啊……"，就像小时候对着玻璃哈气那样吐气，按打哈欠的方式去吐气，想象气从头顶（百会穴）冒出。

不断重复上述吸气和吐气的动作。

如果诱发出真正的哈欠，那就舒舒服服地把哈欠打出来，打几个哈欠后就会有眼泪。打哈欠的同时，也会分泌唾液，这就是道家所说的"琼浆"，有时也会流出鼻涕排肺毒。

3）结束训练：结束训练前，慢慢地将注意力带回你所在的空间，留意一下周围的声音。接着，轻轻地活动一下手指和脚趾，感觉力量慢慢回到身体，然后轻轻地睁开双眼，回味正念训练所带给我们的平静、祥和。

做正念呼吸练习时，可以听正念练习的指导音频，按照提示录音跟着做各种正念呼吸、进食、身体扫描的练习；如果熟练了各个步骤，可以自行选择舒服、放松的音乐，没有歌词的含有自然界声音的音乐就很适合。

做正念呼吸练习，有时会有些困难：

1）做正念呼吸时无法控制规律放松的呼吸，怎么办？

无须有意地控制自己的呼吸，只是简单地让呼吸进出，不需要去纠正什么，也不需要达到某个特定状态，只是去体验你的体验。除此之外，不需要做什么。

2）做练习时总是容易走神，怎么办？

走神是一般都会出现的，这没什么大不了，既不是错误也不是失败。当你发现自己的注意力不再专注于呼吸，可以温和地恭喜自己，你察觉到了自己的体验，留意到是什么让你分了心，然后再次温和地将注意力导回聚焦于自己的呼吸及身体就可以了。

3）练习过程，时而感受到全身燥热，时而感受到手脚冰凉，是不是"走火入魔"了？

正念呼吸练习中，有可能出现各种各样的身体感觉，因人而异，不用太过回避也不需要用力追求。日常生活中，我们会习惯性地靠近愉悦的刺激而回避让人不适的刺激，但在正念练习中我们需要练习改变面对它们的方式。所有的身体感觉都是觉察的对象，不要强迫自己产生某种感觉，也不要强迫这种感觉消散，只需要抱着开放的态度，学着观察、不评判地感知它们。对，只是感知它们这么简单。

3.6 潜意识听得到每句话 —— 避谶

语言是有力量的,但也许你未曾真正认识到这种力量到底有多大。我们先来看负面案例。

恶魔实验

1939年,美国爱荷华大学的语言学教授温道尔·约翰生做过一个非人道的恶魔实验。

实验者在孤儿院里挑选了22名孤儿,其中有10名儿童患有严重的口吃,另外12名是正常的孩子。实验者把这22名孤儿平均分成两组,每组各有5名口吃儿童和6名正常儿童。

第一组孩子接受的是积极正向的引导。如果这一组孩子能够流利顺畅地表达自己的想法和观点,就会得到实验者的表扬和奖励。而第二组孩子接受的是消极的引导。如若无法很好地表述想法，那么这一组孩子就会被贴上各种负面标签，包括辱骂和讽刺。

实验开展了5个月时间，第一组接受正面引导的孩子里，原本患有口吃的那5个孩子，虽然症状并没有得到显著改善，但是明显变得更加积极乐观，性格开朗向上。但是接受消极引导的第二组孩子，他们的学习水平、认知水平和情绪管理都变得非常糟糕。更为可怕的是，原本正常的那6名孩子，居然也出现了不同程度的口吃状况。

这是一个臭名昭著的实验，因为实验者对孩子施加的负面标签所带来的伤害是不可逆的。这个实验的后续跟踪观察发现，第二组的11名孩子，实验带来的心理影响并未随着实验结束而停止，持续影响了他们后来的生活。

相关统计数据显示，全球每年遭受语言暴力伤害的青少年或者儿童人数超过两亿。语言暴力与欺凌，最常出现在青少年中，尤其是校园内，语言暴力和校园霸凌现象层出不穷。

负面语言有多可怕，正向语言就有多强大。

用正向语言自我激励

对于自言自语，你是否感觉很奇怪，在我看来，这与一个人去看电影没什么区别，都是一种很好的独处方式，并且有证据表明，适当的自言自语对抑郁症症状缓解有相当大的好处。如果想让人生变得更好，那么再也找不到比自己更好的探讨对象了，因为没有人比自己更清楚内心的声音、感受是什么样的，也没有人比你更清楚自己拥有哪些技巧和能力。

我们应该每天都做语言的"自我肯定"，选一些正能量的词或者语句，然后每天如鹦鹉学舌般重复。最好是找一个你不会担心被异样眼光盯着的地方，大声地说出正向能量的话。例如：

"我太棒了。"

"我一定可以做到。"

"我已经做得非常好了，我很优秀。"

"天气真好，今天又是美好的一天。"

最初，说这些话似乎有困难，也看不见效果，但在我们重复地对自己施加正向语言影响后，我们的精神状态会慢慢地改变。

这个过程需要我们去适应，大致可以按照以下几个步骤来开展：

第一步：从现在开始，特别留意自己使用的情绪语言，包括口头禅，有意识留意甚至记录自己使用频率最高的词语，写出来，看看自己有多少负面词汇。

第二步：尝试刻意将自己的负面语言改为中性语言甚至积极

语言，这个过程刚开始会特别别扭，但是坚持一段时间以后，也许你会开始觉得自己的心态和情绪在慢慢变好，人际关系也会更加融洽，这是当知当觉阶段。

第三步：坚持下去，坚持一年两年，你将会成为一个正能量满满的人。

另外，每天早晨我们应该开展自我对话，花5分钟左右的时间问自己：

1. 在我的生活和工作中，哪些方面令自己满意？
2. 除了满意，我还可以做些什么？

即便只是两句简单的自我提问，却是运用语言力量的一个好开端。通过这种固定的、探讨性的对话，不仅可以进行自我肯定，怀揣自信开启新的一天，还可以促使自己不断精进。

自我对话让我重新找回了自我。我曾经参加过一个关于发声技巧的培训。我参加这个培训的目的是让自己的声音更有穿透力，以便我在授课时，能更好地吸引学员的注意力，并且让每个学员都能通过声音感受到力量。然而，我却有了意外收获。这个培训虽然只进行了两天，但课后要求学员按照规定每天打卡练习发声，并且是自我激励的发声练习。我找了很多自我激励的文字和书籍，每天都大声朗诵，虽然练习的是胸腔腹腔发声，但这些文字的力量潜移默化地被我的大脑吸收了,转化为我的精神动力源。事实就是我的情绪受到影响了,变得阳光积极,以致在后来的日子里,不再需要打卡练习时,我也很自然地每天清晨起床先做一段自我激励,这可以保证这一天我都活力满满。

第四章

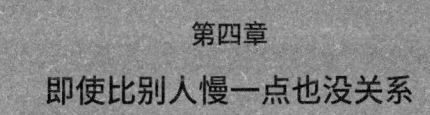

即使比别人慢一点也没关系

4.1 我无药可救了吗？

对抗抑郁的路程是漫长的，反反复复，内心的情绪也会在不同阶段起伏不定。尤其是在我们努力过很多次之后，遇到结果不如意时，会产生自我怀疑，感觉自己无药可救，已经厌倦了这个世界，也不想与外界的事和人有任何瓜葛，外面发生的一切与我无关。太阳是否如期从东方升起，星辰是否依然闪亮，花草树木是否有鸟儿为它们歌唱，这些似乎与我不在同一个世界，人们的面孔在我的脑海中只是如同画像一般。

这种无药可救的感觉会让人精神接近崩溃，而且会导致经常性地不由自主地反刍过去的遗憾，如亲人去世、关系破裂、事业挫败等。

这种反刍会将正向积极的一面忽略,而将反向负能量的一面无限放大。其实,这些片段都象征着某种"死亡"。不断反刍遗憾片段,是潜意识在跟随死亡,就如同我们对自己过去无法改变的怨念,在试图拉着当下的我们去陪葬,所以生命力都耗在了回顾过去上。但我们知道,只有带着过去的遗憾去创造未来,生命力才能得以真正地延续。

好在积极的心理干预治疗给了我极大的鼓舞,无论是意象疗法,还是感恩疗法、CBT(认知行为治疗)、正念疗法、观息法,都让我很有收获。正是这些积极的反馈,促使我继续坚持。我要感谢自己坚持了治疗,保持了信念,也要感谢那些一路给予我支持的人,在我走入死胡同,认为自己无药可救时,及时带领我走出狭隘,坚信一切终会过去,生活依旧可以前行。

通过持续的心理干预治疗,我的内心平静了,状态也好了很多,已经可以很好地与自己相处。独处的时间里,我不再有很强烈的焦虑感,能够保持情绪稳定,改善睡眠,头脑清醒。

如果你完成了上面我描述的治疗阶段,并取得了不错的成果,能够自洽,那接下来,我们就需要进一步打开自己的内心,尝试重新与这个世界建立良好的连接,逐步找回我们与世界的触点,让我们成为社会中的一员,通过工作、社交,融入现实的社会。

4.2 和别人比较这件事，我停不下来

抑郁症患者能做到很好地自我独处是非常棒的一件事，这时候我们的抑郁情绪减少了，失眠改善了，但这只是完成了前进道路上的第一步。

接下来真正考验我们的是要回到社会属性中，扮演我们人生中的各类角色，作为下属、作为领导、作为儿女、作为伴侣、作为父母、作为朋友，等等。在这些角色中，需要承担一些义务和责任，我们也会不由自主地去做比较。与其他人做比较，与他人的评价做比较，与社会价值取向做比较，以此来评判我们是否做得足够好、足够出色，足够让自己满意，让他人满意，或者是我们主观判断的他人是否满意。

这个过程可能会给我们自己带来一些压力，这些压力可能会导致我们情绪波动，开始胡思乱想，对我们前期做的努力有所反噬，让抑郁情绪卷土重来。

面对这些压力，我们要十分清楚地知道，其实它们更多的是来源于我们对自身过高的期望和要求。

通常，我们会不断寻求父母、伴侣、领导及社会的认可，执着于某种固定的人设，或是某种悲观的宿命论，例如要做一个好女儿、好儿子、好妈妈、好爸爸。也就是我们会在某种层面上追求完美，虽然追求完美是人类社会前进的动力，但也是带给我们压力的源头，是导致抑郁、焦虑的罪魁祸首。

而不幸的是，完美主义似乎是人类基因里隐藏的"天性"，我们每个人在某些时刻都是完美主义者。

我想大多数人小时候都会有一个同样的经历，就是父母会时常将我们与同事的孩子、邻居的孩子进行比较，还用语言将比较的结果反馈给我们。这其实是一个非常摧残人意志的行为，因为往往父母用来做比较的对象都是在某一方面做得比我们好的，他们期望通过这种向好的看齐，激励我们奋发图强，可是结果往往事与愿违。

且不论这种比较是否有用，单就比较本身而言，就是不公平的。拿我们的短处去跟别人的长处进行比较，那为什么不拿我们的长处跟别人的短处进行比较呢，为什么比较的样本不能全面一点，不要抽取个别做得非常好的个体，而是跟整体的平均水平进行比较呢？

反正不管如何，都会有一个"别人家的孩子"陪伴我们长大，这个"别人家的孩子"似乎总是胜我们一筹。

父母这么做，出发点是好的，"望子成龙"是每个父母的夙愿。然而"望子成龙"这件事也许可以换一个角度去解读，如果一定要做"望子成龙"的父母，那么能不能首先从自我做起，先让自身成为龙，再来要求子女成为龙。我跟朋友开玩笑时说过一句话："梦想成为富二代不现实，把自己孩子培养成富二代才牛。"当然这种论调也不是我所认同的，因为也是从一个极端片面的角度去理解这个问题，在这里提出来只是想触发大家对这件事转换一种认知去思考。

这种比较背后的逻辑其实就是在追求完美。父母想拥有一个完美的孩子，这种期许是人的本性。当然我们不是要责怪父母，其出发点并没有错。而且这种追求完美也体现在我们每个人身上。

在读书阶段，和进入社会后，我们也会时常将自己与旁人进行比较，来定位我们做得如何，是否成功，是否还有待提高。

事实上，这个世界没有人能永远保持完美与正能量。当你一次次否认你的负面情绪和不完美时，它们会在潜意识里聚集成某种未被命名的情绪集团，直到某天以抑郁的形式爆发，自体向内崩塌，彻底自毁摆烂。

从心理学角度分析完美主义

心理学家阿尔伯特·埃利斯曾经对人类的痛苦感受做过深入分析研究，提出人类的痛苦基本来源于三个错误的执念：

1. 如果我没有得到表扬，就代表我做得不好。

2. 我必须被他人喜欢，否则就是我有问题。

3. 事情如果没有按我想象的方向发展就意味着失败。

然而理想很丰满，现实却很骨感。

你以为的，你想象中的，未必会按照你预想中的方向发展。当一个人的心理预期过高，而事情的走向没有按照既定规划去发展，这种落差感，就容易导致人的痛苦。

痛苦一：我必须把事情做好，然后得到表扬。

生活的本质，就是酸甜苦辣的，一个惊喜接着一个打击，再给你一个惊喜，然后又给了你一些痛苦。每个人的人生都是如此，这是一个过程，而在这些感受多样的过程中，你有了更多的见识，有了自己的经验，最终寻找到一条适合自己的路坚持下去。

在生活中,很多人之所以痛苦,就是凡事都追求完美。可没有人是十全十美的,这个世界上不存在完美的人、完美的事。每个人都有缺点,有缺点才足够真实。

同样,在做每一件事情的时候,我们很难保证自己一定会做好。

你下定决心锻炼减肥,告诉自己,一定要绕着跑道跑5公里;可是,距离你上一次跑步,已经过去一年了,这一次跑5公里对于你来说,是很困难的一件事情。你明知道自己很难完成,却逼着自己去完成,有时候并不会带给你什么好处,还会让你很快就失去了跑下去的信心。

有些时候,给自己设定一个完美的计划,未必是好事,容易徒增压力。相反,先试着做好小事,再去做更大的事情,才有助于你建立信心,不那么痛苦。

解决方法:承认自己是不完美的。

接纳自己的不完美,接纳自身的缺点,你才能跳出思维的束缚。而只有跳出了思维给你的枷锁,你才能够以更乐观、积极的心态,去迎接生活中的下一个挑战。如果这件事情你做得不够好,并不能代表什么,也无法否定你的成绩;你可以反思一下,是哪个环节出现了问题、自己哪一步没做好。善于总结,寻找自身的不足，才能避免下一次犯同样的错误。

痛苦之二：别人必须喜欢我，对我好。

导致人感到痛苦的第二个因素，就是太过重视自己在人际交往中的地位和评价。

《被讨厌的勇气》这本书中提到了一个观点：人际关系是一切痛苦的来源。

因为人本身就是社会属性极强的，只有在人群中，人才能够与外界建立联结。而离开了人群，孤独一人的生活状态是很难坚持下去的，这也不符合人性。但有些人在人际交往中，总是容易钻牛角尖，陷入自我预设的心理中。他们认为我对你好，你就必须也对我好；我为你付出这么多，你也必须回应给我这么多。倘若你为我付出的没有我为你付出的多，那么我就会感到失望痛苦，我会认为这段关系是糟糕的。

在人群中，别人必须喜欢我，否则我就是失败者。我必须是受欢迎的那一个，不然融入这个圈子毫无意义。

从某种程度上来讲，这样的思维和态度，是偏激的、片面的。你这一生中，最终能够陪在你身边的知心好友，能有两三个，就已经不少了。而其余的人，不过是你朋友圈里的芸芸众生，有些甚至只不过是点头之交的关系。当你陷入了这种自我挣扎、自我设限的心态中，你在人际交往中注定是痛苦的。

解决办法：告诉自己：有人讨厌你，也会有人喜欢你。

每个人都应该明白这个道理。

有人会喜欢你，他们不在乎你是谁，不在乎你拥有什么，仅仅是喜欢你这个人，欣赏你的人品和人格魅力；同样，也有人会不喜欢你，讨厌你的一言一行一举一动，甚至你的一切。

无论你做了什么，都会有人坚定地站在你身后支持你。也有人，无论你做了什么，都不喜欢你，甚至讨厌你。讨厌你的人认为你的呼吸都是错的。明白了这个道理，你的内心自然能好受一些。

我们生来不是为了取悦别人，而是为了活给自己看，为值得的人而活着。那些与你无关的人、讨厌你的人，无论你是好是坏，无论你的生活如何，都与他们没有半点关系。

痛苦三：世界上的事情是容易的，必须跟我想象中一样。

有些人，常常陷入"自我感觉良好"的心态中，有这种心态，表面上看是一种自信。但却经不起推敲。因为过度自信，就是自负；自信过了头，就是另一种膨胀。你的自我感觉良好，容易衍生"井底之蛙"的心态。你眼中所见的，只不过是世界的"冰山一角"。你的思路、你的经验、你的眼界等，只不过是你前半生的一个总结。

但许多事情根本不会按照你想象中的样子去发展，没有哪一件事情是容易的。

坚持每天早晨6点钟起床是一件困难的事情吗？看似很简单，可大多数人都无法做到十年如一日保持这种作息习惯。早睡早起尚且做不到，又如何能认为"世界上的所有事情，都是容易的"呢？

当事情没有按照某些人想象中那样发展，他们就会感到痛苦，对自己感到失望。这样的状态是很危险的，也是痛苦的来源之一。

解决办法：降低期待值，人生更美好。

很多时候，试着去降低一下我们的期待值，人生就会少了许多失望，自然也就提高了幸福感。你勉强去做的事情，未必会按照你想象中的样子去发展。相反，当你放平心态，以平常心去对抗复杂且充满压力的生活，也许会收到意想不到的效果。

在各个领域，都可以试着降低期待值。

在人际交往中降低期待值，能减少你被别人影响的次数。

在恋爱中降低期待值，你就不会因为伴侣做的某件事没有达到你的预期而愤怒。

在生活中降低期待值，你会拥有更多的快乐和惊喜。

关于追求完美这件事，有两点事实是你需要知道的：

1. 赋予事情过多的意义

很多时候，我们太过自恋，对一件事情总是赋予太多的意义，而且这还是我们臆想出来的意义，似乎没有这些意义我们就无法着手去行动一样。于是我们习惯性地把事情理想化、灾难化、情绪化、个人化。

例如学生最常听到的来自父母苦口婆心的论调就是："如果没有考上大学，将来会找不到好工作，找不到好工作，就养不活自己。"诸如此类的话，导致压力很大，害怕自己没有考上大学，自己的人生就完了。

哲学大师叔本华在《爱与生的苦恼》说："人生就是意志的表现，意志是无法满足的渊薮；而人生却总是追求着无法满足的渊薮，所以，人生就是痛苦。"

上面描述的父母，总是把事情往坏处想。这本身就是一种意志的体现。孩子之所以害怕考不上，是因为爸妈每天重复性的"意志"输入，导致高考这件事对孩子的意义就是"考不上人生就完了"。这样越想越有压力，越有压力就会越痛苦，最后无法正确看待问题。

情感和价值观的胶着和内耗，欲望和能力的不匹配，失去的痛心，还没有得到的空虚，这些失衡的想法让我们常常抱怨生活的不公，感觉自己命运的不好，责怪他人的不是。可是这些痛苦真的是别人给我们带来的吗？

其实，真正让你痛苦的是你赋予事情的意义。

严格意义来讲，这个世界没有人能真正地让你痛苦，除了你头脑中存在的不合理的观念和看法。所以当遇到内心痛苦时，不妨提醒自己："除了我自己，没有人能给我带来真正的痛苦。"

《心理学简史》中介绍弗洛伊德时有一段话："弗洛伊德从来都不是那种顺风顺水、做什么都能一蹴而就的天才。他一直在脚踏实地地工作，磕磕绊绊地试探着前行。他发表了一些没人重视的论文，做过一些失败的案例，经历过种种打击，也积累了很多经验。"

即便优秀如弗洛伊德，也不是顺风顺水，做什么都能够一蹴而就的天才，我们又怎么能苛求自己做什么都完美呢？无须给自己太大压力，从心底里接受做一个普通人。

就如同一位旅行博主写的一段话："赋予旅行太多的意义只会带来更多的焦虑，而忘记了旅行最大的意义其实只是享受一段不太一样的惬意时光。"

过分赋予事情太多意义，只会让我们作茧自缚，给心灵加上羁绊。生活需要的是简单，所谓的复杂生活简单过，一切皆美好。

2. 反思与反刍

反思：有好有坏、客观中立

反刍：脱离事件、消极审查

人在伤心难过的时候，容易陷入反复、不断深入的思考。例如失恋后，大脑会不停地思索"为什么那个人不再爱我了？""我到底做错了什么？""为什么会变成这样？"在心理学中，这就是反刍。

很多心理学家发现，对负性事件的过度思考和纠结不但会加深痛苦，还会延长痛苦的时间。一段爱情即使感情不够深，只要反复纠结，失恋后的痛苦也会超过那些感情深厚却不纠结的人。积极心理学家芭芭拉·弗雷德里克森在《积极情绪的力量》一书中指出，虽然我们想要想通一件事，但这种无休止的苦思冥想不会给我们带来任何好处，只会让我们进入死循环，让情绪愈加低落。更悲剧的是，这种过度思考无法帮助我们找到解决问题的方法，只会唤起更多负面的想法。

耶鲁大学心理学教授苏姗·诺伦-霍克西玛指出，有"思维反刍倾向"的人不仅更容易抑郁，在意外事件带来的压力下也更容易惊慌失措。诺伦-霍克西玛在研究中发现，1989年加利福尼亚州洛马普列塔大地震发生后，自认为有思维反刍习惯的洛杉矶居民明显表现出了更多的抑郁症候群。此外许多测试证明，思维反刍还可能引发认知障碍。抑郁症患者很难强迫自己关注别的事情，因此记忆力和执行能力测试的结果都较差；不过一旦受测试者成功地转移注意力而更好地专注于测试，这种认知障碍就消失了。这类研究使思维反刍被视作一种一无是处的悲观主义，纯属精力浪费。

在第三章聊意象疗法时，我提到过我曾经深深地伤害到我的父亲，之后一直为此难以释怀，就连看电视时看到类似的场景画面，都会立即烦躁不安，马上就换台，不敢看。对于这件事，我在很长一段时间里都会不断地反刍，似乎有个声音在不停告诉自己：这一切都是我造成的，如果当时我不那么做该多好。这个反刍困扰我很久很久，成了我情绪的一块禁地，无法触碰。一旦触及，情绪瞬间暴躁不安。

那有没有可能一个人想着想着，突然豁然开朗想通了，从此开心起来呢？

心理学家研究发现，当人们在情绪低落的时候思维反刍，想起更多的是发生在过去的负面事情，会更消极地解释当前的生活状况，对未来更加绝望。

那么，如何减少思维反刍呢？

经验表明，只要转移注意力，就不会沉浸在痛苦之中。心理学家也认为，要想停止或减少思维反刍，需要让其他想法填补脑海，最好是一些积极的想法，或者，可以多参加喜欢的体育活动。

但实际这样做并不容易。人们反复思考是因为迫切希望想通这件事，不再困扰，如果这时去做其他事情，总会出现心不在焉、心神不宁的情况。所以需要我们有意识地引导自己转移注意力，不断提醒自己把注意力集中在当前的事情上来。最好是找一些对自己有足够吸引力的事情去做，例如打篮球时会让我暂时忘掉一切其他事情，全身心投入酣畅淋漓的运动中；或是看足够精彩的电影，玩节奏很快的游戏之类的。这些方法我都曾经用过，一场篮球可以给我2个小时的思想放空时间，玩《反恐精英》游戏会让我沉浸几个小时不走神。效果还是很不错的，至少给了我喘息的时间，放松了神经，缓解了持续压抑的情绪。

在现实生活中，反思是有必要的，通过复盘总结对过去发生的事进行反思，从而提炼改进方案，对自身是有好处的。只是有时我们分不清反思和反刍，所以我们来看看反思和反刍的本质区别：

（1）反刍是无效的自我鞭笞，反思可以带来新的洞见。

反刍是不断咀嚼痛苦，就如同一块伤疤，在就快愈合的时候，我们又把结好的痂撕开，反复舔舐伤口。这不仅于疗伤无益，还会让伤痛持续的时间增长。

反思则是通过分析过去，得到原因，进而打开心结，释放情绪。反思是为了更好地放手，也是为了避免伤害再次发生，甚至产生新的洞见。

（2）反刍伴随着自我厌恶，而反思带着自我关怀。

反刍实际上依然是对已发生的事耿耿于怀，无法原谅自己，所以伴随着自我厌恶。而反思并不是放不下，恰恰是因为放下了，所以可以理性、客观地思考事情发生的原因以及以后如何做才会更好。这是一种自我关怀。

那么我们要如何把"反刍"变成"反思"呢？

1."为什么"变成"是什么"

"为什么"更多的还是局限于追责，"是什么"才是对事物的客观描述，这种转变才能将自身从情绪中剥离出来，从而形成正确的认知。

2. COAL（四种态度）代替价值评判

所谓价值评判就是不停地给自己贴标签，而这些标签会给我们带来各种情感束缚。美国权威心理咨询师丽莎·费尔斯通在她的著作《鸵鸟心理：为何我们总是害怕与逃避》中，分享了她的研究，研究结果告诉了我们在面对情绪时，保持一种客观分析的态度是多么重要，并提出了 COAL（四种态度）：

Curiosity：保持一种探究的心态，但是不下评判。

Openness：对各种可能持开放的态度。

Acceptance：对无论是消极还是积极的情绪都接纳，不逃避、不排斥。

Loving：自我关怀，不因消极的态度而否定自我。

3. 考虑从多种视角来看待问题

在童年时，我们习惯了世界不是白就是黑、人不是好就是坏、事不是对就是错。我们长大后，才发现原来这个世界没有那么绝对，人和事都会呈现多面性，站在不同的立场、不同的角度，就会对同样一件事呈现出完全不同的看法。所以，当遇到问题时，我们要时刻提醒自己，多换几个视角来看看，不要急于下结论，更不要钻死胡同。

放过自己

我相信有很多人都会为过去的一些事情懊恼，这是几乎无法避免的。因为每个人都是在逐步成长，而时光又是不可逆的，那么在面对一些坏的结果时，基于因果关系，我们就会去找那个因，最终大部分人会归因到自我身上。而且，悲观的人会把坏事都归因到自己身上，投射太多主观意识，什么都和自己有关。这其实是一种与世界共生未分化的状态。

共生与分化的概念来自匈牙利精神分析师马勒对母婴关系的研究。她通过对38对母婴历时6年的细心观察，发现婴儿在第二个月到第六个月期间，与妈妈是一体的。也就是说，婴儿在这个时期，强烈地依赖着母亲。母亲与婴儿，是1+1=1的融合关系。这个阶段，叫共生期。

共生期的母婴关系没有建立好，将影响接下来的分化。

婴儿六个月以后，开始进入分化期。他们渐渐地能意识到人和物品的归属性，例如哪些玩具是我的，哪些玩具是别人的，也意识到，母亲和自己是两个人。这个过程一直持续到两岁左右，才算是完成了与母亲的分化。

我国著名心理医生曾奇峰老师有一个观点叫作"万病源自于未分化"。对于这一观点，著名心理咨询师武志红老师曾经和曾老师展开过探讨，其中部分观点如下：

未分化在心理学上的意思就是每个人作为孩子，在心理上没有跟父母分离，尤其是没有跟母亲分离。这种没有分离，会转移到与其他人的关系中，这就是精神分析中所说的转移的关系。

这样会导致至少两个问题：

第一个问题就是各种各样的心理症状，像抑郁、焦虑、强迫等这样一些大家都很熟悉的症状。

第二个就是各种各样的能力的丧失，例如判断力、整合的能力。如果再说得直白一点，就是赚钱的能力、建立亲密关系的能力等。所有这些能力都会受到影响。

未分化的人中，有的人自己的事做不好，却很喜欢去帮别人。《狂热分子》的作者埃里克·霍弗认为这是各种各样的社会运动的狂热源头。

做不好自己的事，其实他的独立是有问题的，但是他特别热心去帮别人，而且帮别人的时候还带着一种狂热，带着一份付出精神。看上去是好事，结果会导致很多问题的出现。

帮别人这种现象我们可以做两个精神分析式的解释.

第一个就是我们在帮助别人的时候可以忘记自己的不完美。

第二个解释就是我帮你的时候有优越感，因为只有我强大、你弱小的时候，我帮你，才能够满足自己自恋的需要。

这是一种非常强大的动力，一辈子都在帮助别人，把自己融入莫名其妙的集体里面，用这种方法来忘记自己的问题，满足自己一点点虚妄的自恋。

对这些问题，除了专业的心理治疗，这里给大家介绍几个自己就可以做的小方法，希望能对你有所帮助：

1. 当自我指责时，反问自己提出的问题

如"我恨自己怎么这么没用，什么都做不好，什么都不会"，这时，可以反问自己："我真的什么都不会吗？真的什么都做不好吗？"我想，答案一定是否定的，你一定有许多会的，你不会的只是目前的某一件事。

我们不要因某件事没办好，就全盘否认自己。"非黑即白"的思维模式导致我们看不到自己的优点和成绩，这是需要我们有意识地去改变的。

2. 去完美主义

如果我们觉得什么事都必须达到自己臆想的结果，那么即使做到了80%，我们可能仍然觉得失望。这也需要我们转变思维模式。"这件事虽然与自己当初的愿望有出入，但能这样也还是挺不错了"，这样想，我们心里就会愉悦许多。

追求完美，接纳不完美。

3. 自己做自己内心的好父母

我们内心时常在指责自己，那是我们把父母对我们的严格要求内化于心，我们就成为自己年幼时的父母的样子。现在我们成大了，可以试着做一个理想的父母：充满温暖、鼓励和自我同理心的好父母。

4. 我想成为什么样的人才是重要的

成绩和评语，那都是别人眼中的你，可能它们在某些方面也能反映真实的你，但"我想成为什么样的人"才是自我成长的内驱力，可以持续让我们去努力实现，变得更好。当你自我肯定的能力增强时，别人的评判就显得不那么重要了。

当我们习惯性地为一些事情反复自责时，就要开始意识到是否自己处于消极反刍中了。尤其是在一些事件中，通过一系列的联想，总是归因到自己身上，幻想如果我没有那么做，是不是就不会产生今天的局面。其实每件事发生的原因都是多样化的，绝对不是一个单因造成的，是我们自己把事情的逻辑简单化，并且将矛头直指自身。

最常见的就是在两性关系中，当双方因为某一件事有了分歧时，通常有一方习惯性地把问题升级，不再就事论事，而是上升到另一个层面，爱不爱我，是不是暗示着什么之类的，这样的思维升级就是脱离了事件本身，并且对事件产生了消极的审查。失恋的人通常会回味细节，反问自己，是我哪里做得不够好。而实际上，也可能正是因为这种不断的反刍本身才导致关系破裂。还有自卑，通常也源于投射了过多的主观意识，把坏事都投射到自己身上。

殊不知人生本就不可控，不完美才是正常的，所以借用森田疗法的思想，顺势而为，并信仰"大过于自己"的东西，你就会发现抑郁于你而言，不再只是无意义的痛苦，而是引领你回归自己的内在的地图。

4.3 压力山大,如何四两拨千斤

作为抑郁症患者,回归社会属性时,不可避免地会遇到很多障碍,压力就是其中一种。不管你愿不愿意,也不管我们有多注意不给自己制造压力,似乎压力仍是不可避免的,这属于正常现象,现实世界中没有压力才是不正常的。

我曾经深入研究过销售人员的心态对业绩的影响,也给很多企业授过课。每次授课,我都喜欢问学员一个问题:"你有没有压力,你如何看待压力?"

这个问题总是能引起学员的共鸣和积极发言,要知道销售人员可能是所有职业中压力最大的那一类,业绩带来的压力不亚于学生要参加重要的考试,并且这个考试还是每个季度、每个月、每天都在进行。一般在企业里，为了更好地激励团队，管理层会将每名销售人员的业绩实时呈现给所有人。自己的排名靠前还是靠后一目了然。这种压力我相信做过销售的人都懂，没做过的也能想象到。在我提出问题后，学员自然是异口同声回答压力很大，但关于如何看待压力则众说纷纭。

有的学员说有压力是好事，可以促使自己更努力地工作，取得更好的成绩。有的学员则说，压力让他失眠，导致精力不足，反而影响工作成绩。几乎每次提这个问题，得到的答案这两种都有。

这让我意识到两种状况都是客观存在的事实，都不能否认。也正是存在两种答案，告诉我需要辩证地看待压力，去思考到底是什么原因让学员们会有完全不同的两种感受。我的答案是压力有一个概念上的阈值。当压力控制在阈值以下时，起到的是积极作用，并且越靠近阈值，作用越大；而当压力超出阈值时，起到的就是消极作用，越偏离阈值，消极影响越大。之所以说是概念上的阈值，是因为它没有一个确切的数据标准，并且因人而异，不同的人因为承压能力不同，故而阈值存在很大差异性。当我们想要将自己调整到最积极的状态时，就需要将压力调节到刚好在阈值之下一点点的地方，此时是动力最强、副作用最小的状态。

所以在积极工作、需要动力时，我们可以主动增加自己的压力，通过人为引入一些因素，例如时间进度条等规则，以达到增加压力的目的。当然还有更多的时候，是我们压力过大，超出阈值，随时有崩溃的风险，此时就需要采用一些手段自主调节。

简单可行的压力纾解方法

以下这些方法值得试试，看看哪些对你更有帮助，然后坚持做下去。

1. 倾诉

找一个懂得共情，也懂得你不需要建议的朋友，告诉他你正在经历的事，还有此时的真实感受。当然我们也要注意，不要让自己变成"祥林嫂"。

有心理压力时，独自承担虽然显得很有责任心和担当，但把握不好的话容易造成心理健康问题，除非我们有足够强大的内心，能够独立化解压力，否则不要担心，大胆地把你的压力分享出来。倾诉压力和烦恼的过程本身就是在为解决问题做准备，说给别人听，也是说给自己听，能清晰地把问题表达出来，问题本身就已经解决一半了。因为说清楚并没有我们想的那么简单，能够说清至少证明我们的思路已经条理化、结构化。通常，每向人描述一次问题本身，就是一次梳理事情脉络的过程。有意思的是，每一次我们表述出来的东西不尽相同，甚至会产生奇妙的新的想法。这说明我们的每一次讲述实际上都是在帮助自己做迭代，一次次的迭代让问题更加清晰，或许，就在某一次倾诉的时候，就突然发现这件事情已经不再困扰自己了。想通了，有前进方向了，压力自然也就得到有效的化解了。

倾诉最好是在一有压力时就抒发出来，也就是当压力刚产生时。此时，压力还相对较小，及时的倾诉不仅能很好地解除压力，还有可能获得别人的帮助，直接从源头解决问题。通常来讲，当我们把问题说出来的时候，问题就已经化解一半了，说的过程中，有时我们自己就有了答案。

倾诉时，尽量找你愿意相信的人，或者你所认可的智者，涉及家庭情感的最好找要好的朋友倾诉。笔友和网友也是很好的倾诉渠道，但要注意保护隐私安全。

不管性格外向还是内敛，都不要把话装在肚子里，鼓起勇气表达出来，也许情况并没有你想的那么糟。

2. 分散注意力

注意力始终集中在压力事件本身，只会让压力越来越大，越来越走不出来。需要通过其他事务分散注意力，比如走出家门，参加聚会，去学一项新技能，加入一个有趣的组织等。对我来说，体育锻炼是最佳的分散注意力的方法。运动让我快乐。在运动时,我可以把所有的精力都集中在肌肉上,挥汗如雨更让我感到全身都无比放松。

但也要注意某些时候我们会在参加活动时人在心不在,精神恍惚,这时我们最后再去尝试一下不同类型的放松方式。另外,性格十分内敛、不擅长社交的人,最好不采用参加集体活动的方式,因为这件事本身有可能会额外增加精神压力。

3. 享用美食

不少人在压力来袭的时候,都会选择大吃一顿来安抚失落的心情。研究表明,吃东西可以慰藉情绪、舒缓压力,因为压力会加速消耗人体内的营养物质及微量元素。同时,人在感到疲劳和倦怠时,吃一餐美食能够及时补充身体缺乏的能量,使自己容易从疲劳中走出来。心情舒畅了,压力感自然就减轻了。想通过美食减压应该首选那些富含维生素和矿物质的食物,如干果、黑巧克力、橙汁、苹果、胡萝卜、深海鱼油等。远离高脂、高盐、高糖食物和咖啡因饮料等"增压食物"。

4. 走进大自然

大自然有种神奇的力量,总能让我们找回自我。通常我们说的出去散散心,就是这个意思。找一片有阳光的草地,躺下静静欣赏天空的云朵，看看远处欢乐嬉戏的人群；或者找一棵树为我们遮阴，美美地睡上一觉；到青山绿水间，闻一闻绿叶的清香，将脚放在潺潺溪水中感受水流过的感觉。

我最喜欢的就是去一些人烟稀少的山区，哪怕山不是很高，风景也很普通，都没关系。我需要的是去感受脚踏着泥土，踩着树叶的声音，听着自己的脚步声和呼吸声，去尽情感受这份宁静。这一刻世界只有我，会让我忘却那些烦恼，仿佛我扎根了这片土地，与花儿草儿无异，都是躺在自然的怀抱里。

5. 投入一件事中

人的大脑一直处于活跃状态中，会关注很多事情。面对压力时，我们可以有意识地给自己找一件事来集中注意力，让烦恼在大脑中没有位置。

专心致志地、全身心投入一件事中，忘记自己的存在，达到忘我的境地，去体会这件事的乐趣。这种"忘我"的状态减压效果非常好。

你可以集中精力读一本非常喜欢的书，并做读书笔记，写下读书感悟。你也可以进行创作，写一篇文章，还可以整理环境，比如收拾房间，重新摆放家具，归类衣物，浇浇花，擦擦桌子等。不要小看这些琐碎而实在的事情，人在有烦恼时最容易集中精力投入的往往就是这些小小的工作。

6. 独自内省

抑郁症患者大多有社交恐惧，这其实并不完全是坏事，有利有弊。独处也是一种很好的自我疗愈方式，这让我们有机会停下来整理思路，让事情脉络更清晰，每一次自我对话本身就是一次对心灵的洗涤。尤其是内向性格的人通常比较擅长自我总结，通过将问题条理化、逻辑化，压力就降低了。

内省时，我们也可以借鉴工作中常用的SWOT分析方法，换一个角度去整理事情的各项要素。最后还可以将优势、机会、挑战等元素进行排列组合，思考一下有哪些可能性，从中或许能发觉我们从未注意到的闪光点。即使大部分可能性被自己否定了也不要紧，至少我们在寻找新的出路。

也可以罗列出所有让你烦恼和不愉快的事情，逐一审视这些事情，然后划出那些你认为真正引起你压力的，一个一个分析，问问这件事为什么会引起压力，可以采取哪些方法来解决。

7. 把压力写出来

相对于找亲人朋友倾诉，书写相当于另一种倾诉，一种向内对自己的倾诉。写压力日记、个人博客等，就像找一个树洞倾诉一样。

书写的过程就是一种发泄。写完了，压力会减轻许多。写完后最好不要保留，可以销毁，下一次写又是一次新的开始。

8. 运动锻炼

体育锻炼可以调节大脑供血，让情绪变好。但运动量要把握好，运动在此时的目的是调节身心，而不是逞能，不是要去追逐某个目标，如果太在意有无达到某个水平，可能会给我们带来额外的压力，失去锻炼的初衷。压力不是那么重时，适度锻炼即可，如果把自己搞得太累，有可能适得其反。

9. 睡眠

尽管对于抑郁症患者而言，睡觉有时是一件痛苦的事，因为大部分抑郁症患者都存在睡眠障碍。但也正是因为存在睡眠困难，从而更加凸显了睡眠的重要性。

只要能睡着，就可以将其他事情放一放，先尽情地享受一下。当然，如果难以入睡，也不要强迫自己，强迫可能更焦虑，可以去运动运动。

睡眠前可以为自己创造一些固定动作，例如洗澡、拉伸筋骨、做正念呼吸等。设置睡眠前的固定动作是为了让身体产生记忆，将事件与睡眠进行关联。当身体记住了这种关联，做固定动作时就会唤起身体对于睡眠的自然意识，这十分有利于改善入睡困难的状况。我睡前最喜欢做的动作就是拉伸筋骨，尤其是扭动腰，拉伸手臂，让自己的腹部充分舒展。这些动作都能让我的身体得到极大的放松，更容易入睡。

10. 放声大笑

大笑的积极意义已经有很多专家进行过实验验证，更有一些组织，引领大家通过集体大笑，来缓解压力，治疗神经性疾病。

大笑这个动作所带来的肌肉收缩，不光能促进血液循环，使得血液中的含氧量提高，还可刺激我们身体的肾上腺素分泌，产生兴奋快乐的情绪。要想放声大笑，必然需要做深呼吸，而深呼吸本身就会让身心得到放松，紧张情绪得以平复。

11. 大声歌唱

当人们唱歌的时候，音乐在人体里产生共鸣，从而改变身体和情感状态。唱歌和大笑有异曲同工之妙，能够通过肌肉动作放松身心，通过呼吸让情绪平复。当你感到压力爆表时，找个 K 歌包厢，尽情地唱上几首歌，或者去贴近大自然，对着群山放声歌唱，这会让我们感受到久违的轻松。

我其实五音不全，非常不擅长唱歌，除了干吼几嗓子，似乎也没有太多的放松压力技巧。但我喜欢朗诵，尤其是读诗。诗歌精练的语言能给予我力量。大声朗诵诗歌可以把我带入诗的境界中，身心得到洗涤。每每朗诵汪国真先生的《热爱生命》，可以让我热血沸腾，一股无所畏惧的气势涌上心头，让我敢于按照自己的想法放手去做，去追逐我的理想，抛弃瞻前顾后的忧虑。

上面这些不一定每一项都对你有用，但请多去尝试，总会有几种方法适合你。不要先入为主地预判有没有效果，而应该做过之后再来感受其效果。如果有用，以后可以经常做。

心理脱敏疗法

除了上述自我减压的方法，我们还可以求助于心理咨询师，接受专业的治疗。这里给大家介绍心理脱敏疗法。美国精神病学家沃尔普在20世纪50年代创立了"系统脱敏疗法"，这种方法是医生模拟再现曾经让我们恐惧的场景，通过心灵剖析，让我们逐步接纳这个场景，不再为此敏感。

脱敏治疗的第一步就是要学会放松，让自己的身体进入放松的状态。接下来就要构建焦虑等级，让患者知道自己对什么事情最为焦虑，然后再进行脱敏训练。可以循序渐进地训练，最后还要反复练习。

1. 学会放松

如果想要进行心理脱敏治疗，首先就得学会放松。对于精神紧张或者是患有焦虑症的人来说，学会放松是非常重要的。如果能够让身体进入放松的状态,精神紧张的症状也能够得到有效的改善。

2. 构建焦虑的等级

在这个阶段,医生会根据患者的表现在不同的评分表上给予分值,医生会根据患者的实际情况来构建其焦虑的等级,这样就可以让患者知道自己对什么事情感到焦虑,焦虑的程度如何。

3. 脱敏训练

在患者了解了让自己感到焦虑的原因之后,下一步就要进行脱敏训练。简单来说就是要让患者面对让他感到焦虑的事情,然后学会放松。医生通常会根据第二步所设定的焦虑等级来让患者逐渐地适应,并不会一下子就让患者去面对焦虑等级比较高的事情。

4. 重复练习

精神类的疾病本身是比较难治的,不可能一下子就治好,所以患者需要根据自己的情况反复地练习,要遵循循序渐进的原则。这样就可以让心理逐渐处于放松的状态,直到彻底脱敏。

4.4 放下情感包袱，建立安全结界

你是否有特别热情的朋友，他们为人热情，乐于助人，经常会主动积极地来帮助你？有时，这种热情却成为你的苦恼，朋友会替你做决定，替你去宣传他认为应该告诉大家的东西，去做他认为是对你好的事情。虽然这么做让你难受了，但碍于情面，你只能苦笑一下，被迫接受。

你是否觉得有时很多压力来自父母，感觉你的生活被父母干涉控制，并且不尊重你的意愿，不倾听你的想法就替你做决定？这种控制让你窒息，想逃离，但又无法逃离，就会导致你和父母之间产生矛盾，有时甚至会破坏亲情。

在两性关系中，你是否觉得自己付出比对方多，对方没有你

爱他/她那么爱你。为什么会有这种感受呢？因为你付出了，为对方承担了一些事情，做了一些事情企图帮助对方，而对方却没有任何回应，或者对方并没有同样采取行动来为你做些什么，哪怕是给你倒杯水、捏捏肩，或关心你一下。此时，你的内心就会有些许失落，有点受伤的感觉。

这些困惑每天都在发生，生活中再常见不过了。那么产生这些问题的原因是什么呢？

从心理学角度分析，这些问题的核心是情感边界出了问题。当对方没有边界感时，只要让我们感到不适了，那就需要我们通过主动建立情感边界来保护自己。同时，对于对方，我们也要保持好自己的边界感，不要把不属于自己的责任、不属于自己的压力揽到自己身上。

从出生那一刻起，每个生命都是独立的个体，都需要对自己的生命负责。即使是对待我们最亲的人，包括父母、子女，都应该把他们看作独立的生命个体。我们并不能代替他们去实践人生。而人生又充满了戏剧色彩，影响命运走向的因素错综复杂，其中绝大部分因素既不可预期，也不在我们的控制范围。当发生一件事情时，也不能片面地归因于某一个个体行为的绝对影响。所以，把责任全揽到自己头上是一个既不符合现实，也不可理喻的行为。

对于情感边界，最典型的例子莫过于父母与孩子的关系。由于孩子在小时候不能自己照顾自己，需要父母的养育和监护，但孩子的性格养成和发展走向以及学习成绩，是多重因素决定的。然而现实中，孩子的问题，经常引起父母的争吵，甚至全家人的大辩论，通过各种分析，归因于爸爸、妈妈、爷爷、奶奶甚至保姆的某些个人行为习惯或者语言方式。看似分析得十分有道理，实际上各方互相指责，将其某些行为特征的影响力无限放大。这种家庭式的争吵大家都不陌生。然而事实是这样的吗？一个孩子从出生到长大，受到的影响因素很多。首先，我们能关注到的都是显性层面的因素，例如胎教、家人的行为方式、对孩子的教育方式、说话语气等，即使是显性层面，我们也只看到了一部分，还有别的孩子的影响、环境的影响、孩子对所见事物的解读，这些都可能是被忽略的因素。还有一个最大的影响因素，就是天性。每个孩子都是不同的，这点在孩子尚未出生时就已经决定了，这也就是为什么我们经常看到双胞胎会性格迥异。一样的生长环境，一样的父母，为何长大后，性格差异如此之大，其主要原因就是天性。既然因素众多，我们可控、可影响的因素占比如此之小，那又有什么道理要求父母对孩子的一切负责呢。所以，我的孩子出生的那一刻，我就清楚地知道一个独立的生命开始成长了。我能做的就是尽量提供合适的土壤，在孩子还很脆弱的时候，尽我所能地为其遮风挡雨，剩下的我能做的不多，静静地欣赏一个茁壮成长的小生命，享受他带给我的欢声笑语。

对于儿童教育问题还可以换一个角度来感受，把自己设定在儿童这个位置上。儿童的自我保护能力很弱，这个时候是最容易受到边界侵犯的。我们小时候都经历过父母打着"这是为你好"的旗号对我们的行为进行干预，个人意愿很少被尊重。在叛逆期到来之前，我们基本都是处于这样一种状态。之所以会有叛逆期，是因为我们已经成长到一定阶段，有了强烈表达和坚持自己主见的意愿，而父母还在以小时候的标准对待我们，这就产生了意志冲突。所以叛逆期其实是成长过程中彰显自我、建立自己独立人格的过程。在这之前，如果父母懂得尊重孩子的边界，那孩子将拥有一个更加美好的童年，也会拥有更健康的心理成长环境。随着我国教育水平的提升，现在已经有越来越多的年轻父母在这方面做得更好了，给予了孩子更多的尊重，这是一个非常好的趋势。

情感边界是为了保护自己，也是为了给对方空间，以确保双方关系可以健康发展。关系之间的弦保持适当松弛，不至于紧绷，这样就有更好的抗干扰能力，不会因为某些小事就把弦给绷断了。

自我边界（心理边界）

自我边界概念是由心理学家埃内斯特·哈曼特最早提出的，提倡每个人都应该主动设立自己的心理边界，让其成为为人处世的一条准则，目的是确保自身不受外界的负面干扰，让自己按照自身意愿坚定前行，成为一个具备独立人格的自我，也是为了能够走在自己希望的人生道路上。

无论是生活还是工作中，我们都时常面临"Yes"或"No"的选择题。对于他人的求助或者要求，我们需要亮出态度。这时候的答案就体现了我们是否设定了清晰的自我边界。

人际交往中，自我边界就如同一个标尺，一边是强自我，一边是弱自我，我们在这两端中间游走。越靠近强自我，做事越主动，条理也越清晰，但人际冲突可能就越多；越靠近弱自我，会越敏感，缺乏主见，容易被环境干扰，但亲和力也越强。

自我边界是看不见的，却真实存在。心理学研究表明，生活中很多混乱和情绪波动是边界感缺失造成的。

埃内斯特·哈曼特给了我们一个测试自我边界的方法，请对下面 18 项描述进行选择打分：

1. 我容易被他人情绪所感染

非常符合（4分）

基本符合（3分）

基本不符合（2分）

非常不符合（1分）

2. 我现在的想法依然与童年很像

非常符合（4分）

基本符合（3分）

基本不符合（2分）

非常不符合（1分）

3. 我觉得自己很容易为情受伤

非常符合（4分）

基本符合（3分）

基本不符合（2分）

非常不符合（1分）

4. 我经常不知不觉就走神了，要么幻想其他，要么陷入沉思

非常符合（4分）

基本符合（3分）

基本不符合（2分）

非常不符合（1分）

5. 我不喜欢那些把故事的来龙去脉、开头结尾说得清清楚楚的小说

非常符合（4分）

基本符合（3分）

基本不符合（2分）

非常不符合（1分）

6. 我不喜欢那种制度规范、等级分明、不让自己发挥的机构

非常符合（4分）

基本符合（3分）

基本不符合（2分）

非常不符合（1分）

7. 我认为一个萝卜一个坑，是什么样的萝卜，就需要待在什么样的坑里

非常符合（4分）

基本符合（3分）

基本不符合（2分）

非常不符合（1分）

8. 我认为一个人太投入、太依恋别人，在生活里是非常可怕的

非常符合（4分）

基本符合（3分）

基本不符合（2分）

非常不符合（1分）

9. 一位好家长肯定有些方面也像孩子一样

非常符合（4分）

基本符合（3分）

基本不符合（2分）

非常不符合（1分）

10. 对我来说，把自己想象成一个动物是很容易的事情

非常符合（4分）

基本符合（3分）

基本不符合（2分）

非常不符合（1分）

11. 每当获悉某事发生在朋友或恋人身上，我就觉得这事像发生在自己身上一样

非常符合（4分）

基本符合（3分）

基本不符合（2分）

非常不符合（1分）

12. 每当我需要完成某些任务时，我倾向于展开想象，而不愿被条条框框限制

非常符合（4分）

基本符合（3分）

基本不符合（2分）

非常不符合（1分）

13. 若不考虑现实，我希望人和人能深度交融，不分彼此

非常符合（4分）

基本符合（3分）

基本不符合（2分）

非常不符合（1分）

14. 我觉得自己被某种不为外人理解的神秘能量影响着

非常符合（4分）

基本符合（3分）

基本不符合（2分）

非常不符合（1分）

15. 正常人、有问题的人和精神病人之间没有明确的分界线

非常符合（4分）

基本符合（3分）

基本不符合（2分）

非常不符合（1分）

16. 我不是那种不苟言笑、老实巴交、不多说话的人

非常符合（4分）

基本符合（3分）

基本不符合（2分）

非常不符合（1分）

17. 我觉得自己也许是一位有创造力的艺术家

非常符合（4分）

基本符合（3分）

基本不符合（2分）

非常不符合（1分）

18. 曾觉得有人喊我名字，但我不确信这事是真的发生了，还是只是我的幻想

非常符合（4分）

基本符合（3分）

基本不符合（2分）

非常不符合（1分）

结果分析：

得分在 0~29 分区间，属于强自我边界；

得分在 30~42 分区间，属于中度自我边界；

得分在 43~72 分区间，属于弱自我边界。

根据测试结果，你可以清晰地知道自己的边界在哪个范畴，就可以针对性地做调整。这种调整必须是刻意的，因为我们本能的反应不会改变，只能靠主观意识强制去挑战新的行为方式，这个过程可能会有些痛苦，但尝试后才会知道自己是否可以做得更好。这也给了我们一次重新审视自己的人际关系的机会，些许的改变可以让我们的人际关系更健康，对于抑郁症患者，这尤其重要。即使抑郁症康复后，健康的人际关系也是避免复发的重要因素。

4.5 悲伤失落的时候,我这样做……

人生有诸多不如意,难免会有悲伤失落的时候,这些情绪可能源于自身,可能是亲人、朋友带来的,也可能是工作、感情造成的。总之,这与我们是否足够好没有关系,是生活中不可避免的情况。

既然不可避免,我们就要正视它,并用积极的行动和心态去迎接。

悲伤情绪的五个阶段

心理学上把悲伤分为五个阶段:

第一阶段:拒绝、否认

因为不能接受已经发生的事实,或者因为自己的行为导致对他人的伤害而产生深深的自责，大脑就会对既成事实产生抗拒，不愿意相信，故而意识层面拒绝承认事情已经发生，例如亲人的离去、失恋、机会的错失。

第二阶段：愤怒

在"否认"阶段之后，会进入愤怒阶段，此时已经意识到拒绝和否认无效，无法改变任何事实，继而对"无能为力"产生愤怒。这种愤怒会转化为攻击，不光攻击自己，还会攻击与事情相关的他人。

第三阶段：协商

愤怒非常消耗精力，精疲力竭之后，冷静下来，转而尝试与自己和解。这是一个好的信号，在开始尝试接受事实。

第四阶段：沮丧

然而原谅自己或者他人是一件很困难的事，在一次次的思想斗争中，我们会进入情绪沮丧阶段。

第五阶段：接受

最后随着时间的推移，开始真正地接受已经发生的事实，带着遗憾继续上路。

这五个阶段是大部分人经历悲伤时的心理过程，但也会存在反复的情况，例如因为某些事件或者人的刺激，悲伤情绪再次加剧，倒退回上一阶段。

和外界积极建立联系

当我们悲伤失落时，最好的处理方式就是及时采取行动，和外界积极建立联系，这个外界不仅指人，也包括物、事、环境等。借助外界的力量，来帮助我们尽快走出悲伤失落的情绪。这里着重讲一下如何与外界的人积极建立联系。

首先我们需要从处理情绪的态度上做出改变：

1. 拒绝硬撑

当不想和别人说话，悲伤情绪影响工作学习和正常生活，或者整个人完全不在状态的时候，很多人会硬撑，或者自我欺骗，假装自己没事。这不利于情绪的好转，建议尝试让自己做一些小的改变。例如，他人邀请你去参加社交活动，由于抑郁症患者早期的思维模式就存在不善于拒绝的特点，当外界对他们有要求或需求时，他们会条件反射式地回答："好的，没问题，我去。"

事实上，在回应之前我们应该先问一下自己的内心想法："我是真的想去吗？"然后再去回复对方。如果确实没有什么兴趣，可以尝试拒绝。当然，也可以找一些委婉的理由拒绝。或者直接大方地告诉对方，我今天状态不太好，我不太想去。谁都有状态不好的时候，真实讲出来就好。

如果去了，聚会中大家一起聊天，而你并不是特别想参与，又不能走，那么当他人注意到你时，用一个淡淡的微笑回应即可。这样，大家就会明白你可能状态不是很好，没什么想说的。此时照顾好自己是最高优先级。其实很多时候，别人如何看待我们，常常是我们自己的猜测，大多数人生活中都专注于关注自己，每个人都活在自己假设的聚光灯下，没有人真的有精力时刻关注你。

2. 承认自己有问题

如果有人察觉到我的不对劲，过来关心我，问我怎么了，那么我会大方承认自己的状态欠佳，表示感谢，并告诉对方目前自己还有能力处理，避免本能地说没事，因为一个人的状态很难完全掩盖。刻意地掩盖，很容易把真正关心自己的人拒之门外。

直接说没事，说明你并没有从根本上接纳自己当下的状态。允许和接纳自己所有的状态，是一种示弱的能力。往往越是脆弱，越是想要表现出坚强的一面，骗了别人，也骗了自己。但其实硬撑起来的坚强非常不堪一击，反而会消耗我们战胜困难的能量，使我们不能真实地面对自己。真正的强者在生活当中都敢于面对自己弱的一面，不遮掩，更不必感到羞耻。所以，敢于承认自己状态不够好，不是弱，反而说明你更有能力去面对，去解决存在的困惑。

所以,若想从人群当中出来并寻找机会调整自己,可以尝试表达出来。如此,才能更好地保证自己各方面的能量。另外,患有抑郁症的人会有易激惹的表现,也就是情绪失控,无法控制自己,常常因为小事发脾气。对于这类人来讲,控制自己不发脾气很难,因为情绪压抑太久,能量非常大,所以,要接受和尝试允许自己爆发情绪,但是爆发的方式请保证对自己和他人、社会都是安全的。

总之,在社交中慢下来,遵循自己的意愿,先照顾好自己。

在态度上做出转变后,可以利用多种渠道积极寻求外界帮助:

(1)积极寻求最信任也最关心自己的人的帮助。

抑郁症患者习惯于尝试自己解决问题,但如果效果不好,要学会走出自我封闭,积极寻求外界的帮助。

最好的方式是找到最信任也最关心自己的人,向他们倾诉自己的困惑。他们或许不能给出真正有效的方法,甚至仅仅是倾听,但这也足以让抑郁症患者感觉好很多,至少可以感受到有人关注着、爱着自己。

(2)寻求外界支持时,要尝试讲出自己的内心需求,具体一点更好。

要表达出来,希望他们怎么帮助,让他们知道怎么做。例如少为我安排社交活动,我睡觉时不要打扰我,希望难受时可以找到对方等。这样,对方才能很明确地知道你的需求,并配合你。

(3)寻求心理医生的专业帮助。

即便非常关心我们的人,他自己也有状态不好、心情低落或者无助的时候,谁都不可能也没有义务24小时守着另外一个人。所以,自己心里要有准备并且坚信,当对方不能照顾到我们时,并不是我们被抛弃了、被讨厌了,那只是因为每个人的精力能力有限,但并不代表对方不爱我们。此时,找专业心理医生帮助自己或许是更好的选择。

(4)与外界保持联系。

当感觉自己状态还不错或者有收获时,可以鼓励自己和他人分享,能很好地帮助自己改善状态。我们有时特别想要亲友陪伴,有时又很排斥他们,但至少维持一到两个联系人,哪怕每天一两句话,或者只是非常简单的问候。

(5)学会独处。

抑郁症的另一面,其实是自我重新认知和成长的机会,让你重新审视自己的内心,审视周围的一切,包括人际关系状况。可以尝试安排自己做一些力所能及的小任务,比如养花草、宠物,参加公益活动，尝试和外界建立和保持一点联系，这对康复非常重要。尽管这很艰难，但路终究要向前走，还是要尽力去尝试迈出每一步，哪怕慢一点。

4.6 我也偶尔开小差

任何事情，想要持续地坚持下去，都不容易。抑郁症患者尤其是如此，治疗周期长，而且存在病情反复，所以难以做到日复一日的持续治疗。我也是偶尔会开小差，但只要及时调整，就无伤大雅。不要对自己要求太苛刻，要允许自己比别人慢一点，不要给自己施压。

疗愈抑郁症不是一天两天的事情，贵在坚持。只有坚持才有效果，才能看到胜利的曙光。

千万不能操之过急，多少人因为着急治好，而陷入自我攻击的痛苦中。这听起来很简单，但真的生病了就很难做到，因为各种症状每时每刻都在折磨着我们，很难不急躁。但现实是这是一种慢性疾病，恢复需要时间，没有一种药吃下去病就好。病来如山倒，病去如抽丝。我们能做的只是确保获得了正确的帮助，不断尝试，那么剩下的就交给时间吧！

况且，人又不是一台机器，不是你设定一个程序，它就能立刻按照指令运行。

所以，我们要给自己足够长的时间来慢慢恢复和变强大，我们要培养这样一种意识，做好心理准备。当我们做好这些的时候，我们就不再害怕自己现在的症状了，即便有症状也是再正常不过的了，因为它们迟早都会消失的。我们要这样来安抚和暗示自己。事实上也是如此。

带着这种心态，即使后面抑郁可能复发，我也不担心不害怕了，因为我知道我有方法，我还会好起来。

同时，还要学会带着症状去生活。这个建议能帮助我更客观地看待目前自己身体的症状，毕竟有些症状其实已经完全不影响生活了。那么允许它出现，我就能在疗愈的路上感觉更加轻松和自在，甚至当允许它出现的时候，带着它一起前进的时候，我将不再被它所左右和影响自己的心情了。

带着症状去投入生活吧，我们将会越来越强大！

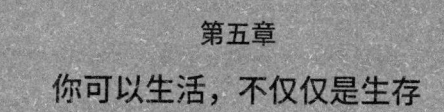

第五章

你可以生活，不仅仅是生存

5.1 我因为想停止焦虑而更焦虑

有时候思绪就是这么奇妙的东西,当我越想停止想一件事或者一个人,往往就越无法停止,因为这个努力不想的过程本身就在提醒我去想,去聚焦这件事或者这个人。

焦虑就是这样一种挥之不去的情绪。越想让自己停止焦虑,反而让我们更焦虑,甚至可能是本来不太焦虑,因为害怕产生焦虑情绪而越发焦虑起来。这读起来有些拗口,但是确实是存在的事实。

想必很多人听过墨菲定律:你越担心一件坏事发生,它就越可能发生。只要有一种变化的可能,不管概率多小,终究还是会发生。

既然焦虑是不可避免的，我们何不坦然接受，放轻松，保持平常心去迎接焦虑，拥抱焦虑？就像我们的身体里有各种微生物、细菌一样，我们允许其存在于我们体内，共存共生。

戴维·A.卡波奈尔博士是研究焦虑症的心理学家，他在37年间帮助了全球超过9000名心理咨询师，传授他们应对焦虑的方案和课程。卡波奈尔博士出版了《焦虑的时候，就焦虑好了》一书，书中引用大量的实证，剖析了焦虑与人的关系，并教授如何打破焦虑的循环，如何避开焦虑设下的陷阱，与焦虑和谐共处。书中提道："焦虑是人类生存的常态之一，每个人都会有焦虑的想法，无法控制，也无法消除，我们唯一能做的就是选择应对的方式。"所以，书中并未提供消除焦虑的方法，而是让我们认识焦虑，找到合适的应对策略，从而实现与焦虑共存，降低其对生活的负面影响。

惧怕往往源于未知，不了解所以害怕，故而面对焦虑，首先要了解焦虑是什么。

认识焦虑

我们经常会说："万一……怎么办？"未发生但有可能发生的事情，总是会让人担忧牵挂，如果真发生了，倒也不焦虑了。这个现象的产生源于人类自我保护的生理机制，有利于帮助我们待在一个安全的环境里。人类文明能延续至今，也得益于这种焦虑机制。

所以，对于焦虑情绪，我们不需要去遏制，而应该像治水一样，顺势而为，控制好焦虑的程度，将损害降低。这就如同我们看待压力一样。压力也是一种动力，促使我们积极前行。但压力太大，超出承受范围，就会带来副作用。焦虑同样如此。

而且，有些焦虑是没必要的，属于我们的认知偏差造成的假象。例如，父母经常跟我们说的，不好好读书，就考不上好大学，考不上好大学就找不着好工作，找不着好工作就找不到女朋友，孤独终老。这一系列的推理很明显缺乏逻辑严谨性，但换一个场景，我们却经常在犯同样的错误，这就会导致严重的焦虑情绪。老板要的报告还没写完，这道题始终不会解，这次考试很不理想，孩子又感冒了，这些日常随时发生的事情，会引发我们产生一系列的联想，激起焦虑情绪，其中的逻辑性也未必比前面父母的例子更严谨。

应对焦虑的 AHA 策略

关于如何应对焦虑，有一个很好的策略——AHA 策略，它为我们提供了三个步骤来应对焦虑。

AHA 策略是 Acknowledge（承认）、Humor（顺应）、

Activity（行动）这三个单词的缩写。

第一步：Acknowledge（承认）

正如前文所说，焦虑是人类的本能反应，客观上就是真实存在的，且不可消除。面对焦虑，我们能做的是去学习它、认识它，对其足够熟悉之后，没有了恐惧感，就可以承认并接纳其客观存在的本质。

当不再为焦虑而焦虑时，也许焦虑情绪本身就已经在开始减弱。设想一下，如果你下个星期就要去做一场演讲，台下将会有几千人，还有领导在场，然而此时此刻，你连演讲的主题都还没想好，而且你还从未在这么多人面前做过演讲。此时，是不是会感到焦虑？

这种情景下，焦虑是必然的。一万个人就有一万种焦虑。焦虑之余，你可以抓紧时间去搜集相关资料，还可以去找演讲高手请教演讲技巧，甚至还可能花钱请专业人士帮助你一起拟定主题，设计演讲内容，指导排练演讲。这个过程中，之所以有如此大的动力去完成这些工作，焦虑功不可没。所以焦虑可以促进我们的行动，提升工作效率，只要不为焦虑本身而焦虑，那焦虑一下也不是什么坏事。

第二步：Humor（顺应）

将焦虑的内容呈现出来，反复演示给自己看，可以有效缓解焦虑情绪。我们可以仔细想想到底是什么让我们焦虑，把它写下来或者录下来，如果有可能，将焦虑的事项细化再细化，拆解成很多具体的点，这样效果更好。写下来后，我们可以让它反复在面前出现，不断冲击我们的大脑，当重复很多次之后，会发现焦虑对我们的影响降低了。

第三步：Activity（行动）

让自己行动起来是对付焦虑的绝佳办法。杞人忧天是因为有时间思考。如果不给自己留时间思考，是不是就无暇焦虑了？

更何况，焦虑是因为某些问题的存在，如果能付诸一些具体的行动，让问题朝着有可能解决的方向前进，或者做好解决问题的准备，等待问题的到来，这些动作都可以减少我们的焦虑情绪，积极的行动总是比空想更有效。

这三个步骤的目的不是要让我们消灭焦虑，而是降低影响，与焦虑共生。

另外，前文中介绍的正念呼吸、冥想、脱敏疗法等方式方法都可以应用在焦虑的时候。

5.2 不在乎的勇气

生活中有很多我们在意的人和事，但现实却告诉我们，很多人和事不是我们能完全控制的。有时，我们就会过于在乎而使自己困扰。

例如，我们在乎别人对我们的看法。这是人人都会在乎的，我们都想拥有良好的形象，但如果过于在乎就会激发不良情绪。看到同事私下小声谈论别人，很容易对号入座，担心他们是不是在谈论自己，开始怀疑自己。对另一半特别在意，对方的一言一行很容易影响到自己，进而产生不必要的冲突。想要走出去，跟别人好好相处，但总觉得别人不喜欢自己，因此造成误会。同样，对于一些事我们也会存在过于在乎的时候，一次考试没考好，没考上称心如意的学校，评奖没评上，升职落空，等等。

这些难免会影响我们的情绪，为了平衡好情绪，我们需要一定的"钝感力"。

钝感力的说法源于日本作家渡边淳一。按照他的解释，钝感力是一种力量，一种避免负面信息冲击的能力，可以更加从容地面对挫折和伤痛，不受影响，坚定前进的方向，这是一种赢得美好生活的智慧。渡边淳一认为，钝感力不等于迟钝，它强调的是面对困难时，人的耐受性，是一种积极向上的人生态度，就如同一束电波需顺利抵达终点，过程中就要规避电磁场的异常干扰。人生要朝着目标前进，就要规避各种外界不利信号的冲击。

钝感力是一种处世的智慧，一种思维方式。

沙子在手中握得越紧流失越快。跟这个道理一样，我们越敏感，就越容易胡思乱想；越想得到别人的认可，就越有可能适得其反，反而钝感一点，会活得不那么累。

还是新人作家时，渡边淳一加入过一个作家文艺沙龙。里面有一位渡边淳一认为最有才华的作家 A 先生。A 先生当时已经发表过不少作品，小有名气。然而，这位天赋极高的 A 先生也和渡边淳一一样，会有被退稿的情况。在相同的境遇下，渡边淳一虽然感到沮丧，但在短暂的沉沦后，很快就重整旗鼓，投入创作之中。而A先生很敏感,对自己的作品更在乎,接受不了打击,丧失了创作的欲望,发表作品的次数越来越少。几年后,在文学圈里,已经甚少听到他的名字了,他就这样在文坛消失了,而渡边淳一如今却享誉世界,作品被翻译成多个语种,在全球影响很大。

所以,成功不仅需要才华,更需要钝感力,它可以让我们持之以恒。在渡边淳一看来,A先生的才华不在自己之下,如果能有一点钝感力,他会是一名多么优秀的作家,这种结果令人惋惜。

日本著名心理咨询师大岛信赖写了一本《不在乎的勇气》,此书是渡边淳一《钝感力》的实践版。大岛信赖用八万多件心理咨询案例的经验,引导人们从新视角看问题,消除负面情绪。在书的封面上写着一句话:"你真正强大的时候,是你能够不在乎的时候。"作者从心理学角度解释了我们被别人的批评或感情所左右的原因。只有找到问题所在,才能有办法去摆脱被左右的命运。

为什么我们很难不在乎

对于我们通常很难做到不在乎的情况,大岛信赖从八万多件心理咨询案例中总结出来两个原因:

1.没有边界感

书中有个例子,作者休息日打算收拾屋子时,同事发来"收到客户的投诉"这样没头没脑的一条短信,作者本来不予理会,继续打扫房间，但脑海里会不受控制地想同事为什么要发这样的短信。结果时间全浪费在思考这件事上了，傍晚时房间还没打扫完。

有句话说得很好："人的烦恼在于想得太多而能做的太少。"内心敏感的人总是想从别人那里获得认可或赞同，被对方的言行所左右，或者是过于热心肠，不由自主去干涉别人的事。

人与人相处时，如果边界感缺失，会给自己和他人带来烦恼和不便。就像作者的经历的这样，同事没有边界感，给别人带来烦恼；而敏感的人模糊了边界，被对方的言行或感情所左右，过度地剖析，不敢做自己。

2. 容易自卑

内心敏感的人，非常在意周围人的一举一动，在与别人比较时，下意识觉得自己做得不够好，总是低人一等，凡事先考虑对方的感受，这样一来就让自己丧失了自信，变得自卑。

他们总是在出现不好的结果时，第一时间把问题归咎到自己身上，心里不断问自己，是不是做得还不够好，别人才这样对我。因为不想被别人讨厌，才不断放低姿态，以致失去自信。

其实，我们越是模糊边界，越是放低姿态，对方往往越是会得寸进尺，变本加厉地对待我们，这样我们会更痛苦。

如何让"钝感力"增强

太过敏感,可能会轻易毁掉与他人好不容易建立的桥梁。要想减少敏感度,可以做些钝感力方面的练习:

1. 分清哪些该在乎,哪些是不必在乎的

大岛信赖提出了一个很有意思的分隔方法:以自己为圆心,双臂张开为直径画圆。这道圆就是个分隔线,将事物区分为"什么该在乎"和"什么不必在乎"。奥地利精神病学家阿尔弗雷德·阿德勒有个观点深入人心:一切人际关系矛盾都起因于对别人的课题妄加干涉,或者自己的课题被别人妄加干涉。

有边界感,把注意力放在自己身上,降低敏感度,无视那些"不必在乎的事",该干吗干吗,会轻松很多。

2. 转变成"以自我为中心"的思维模式

敏感是一种天赋,也是一个人的资质,不可能轻易改变,但是,我们可以去改变那些相对容易的东西——看问题的角度以及思维方式。

相比"站在别人的角度为别人考虑,以他人为中心"这种生活态度,那些能够平静地看待别人的言行、忽视无端的指责、能够随心所欲生活的人,才能真正活出自我,过得幸福。

对其他的事钝感起来,不太在意他人的言行,埋头做自己的事，容易发现自己的无限可能，自然而然就自信了。

3.善于利用无视，改变心态

他人因为身体、家庭或其他原因情绪很糟，把你当出气筒，与其同这样的人较真怄气，我们不如改变心态，学习如何接纳。

对于别人的"热心教导"，如果是对的，我会接受。如果不是，那对不起，我不在乎你，就当耳边风，很快就忘掉。其实，我们从小时候起就应该学习"无视"。相信很多人都遭受过别人以爱的名义对我们进行控制，这时候我们需要站在自身感受的角度去看待这种"爱"。如果你感觉受到了侵犯，生活没有按照自己的想法进行，那么你有权利反击，告诉对方你的真实感受，并请他们收回口中的"爱"。

5.3 上善若水，让情绪流动

《道德经》有云："上善若水，水善利万物而不争。"水利万物，却从不与万物相争，又能包罗万象。它遇热成汽，遇冷结冰，遇风起浪，遇水相融。水是最温顺也是最强大的，潺潺溪流是水，波涛汹涌也是水，水滴石穿还是水。

水的形式是多种多样的，它可以根据外界的环境来改变自己。人的性格品质也可以像水一样，不追求名利虚荣，但是遇到任何困难又会百折不挠。

同时，水的力量也是无穷的，翻江倒海、洪水猛兽说的也是水。历史记载，黄河泛滥，很多人都想办法治理过，起初大家都想着堵，可就是堵不住，而后大禹治水，顺势而为，疏通为主，反而治理成功。

可见，对于水，我们只可疏通，不可硬堵。在这点上，水与人的情绪很相似，人的情绪也是宜疏不宜堵。情绪控制得好，人在事中也无事。情绪管理得不好，小事也能成灾害。

生活不会一直称心如意，有情绪很正常。但易怒，被情绪左右，不仅解决不了问题，反而会使问题更加严重，成为情绪的奴隶，最终害人害己。

情绪管理就如同治水，让情绪流动起来，顺势而为。武志红老师曾说过，悲伤情绪是告别过去的悲惨经历的必经之路，说的就是我们要正视我们的情绪，让其自然流露出来，这个过程本身就是治愈情绪的必经之路。

人们对情绪管理最大的误解是：压制情绪，不要生气、不要流泪、不要压力。真正有效的情绪管理，是让情绪流动。允许自己沮丧，允许自己生气，允许自己感到压力和焦虑，允许自己活得像个人。为什么要让情绪流动呢，因为情绪可以理解为洪水，情绪来了，犹如洪水决堤。人是没法去堵住它的，要是堵，洪水就会想办法从别的渠道涌入，进入本不该进入的空间。情绪只是反映出了问题，情绪本身不是问题，只是一个信号，一个让我们看看自己内心的信号。

情绪是什么

情绪是一种信号，表达大脑对事实的反应，遇到开心的事会高兴，失败会沮丧，置身大自然就会平静，这些都是我们的大脑给予的反馈信号。从本质来讲，不管任何事情发生，都会有相应的情绪产生，正面的、负面的，都会发生，所以我们不可能阻止情绪产生，只能与情绪共存。因此，处理好与情绪的关系，和平共处才是面对情绪时的最佳状态。

心理咨询师曾旻先生在他的心理学著作《情绪的重建：如何应对生活中的情绪困扰》中，为我们深度剖析了情绪，提供了与情绪的相处之道。情绪有三个层面：

1. 情绪的表层——行为表达

肢体语言可以传递情绪，包括面部表情、身体的动作、特定的手势等。观察儿童的行为，他们看到滑稽的事情时，会咯咯地笑；被父母和老师批评时，会垂头或者哭泣；睡不着觉，烦躁时，身体会有各种扭动蜷曲；看到精彩的节目，会开心地鼓掌。这些行为就是在表达他们内心的情绪，喜怒哀乐都会通过行为传递出来，包括摔椅子、拍桌子等发泄行为。

2. 情绪的核心——主观体验

情绪本质是一种主观体验。同样的事情为什么不同的人会有不同的感受呢？这是源于主观体验的不同，而主观体验是和每个人的经历、意识、认知相关的。主观体验在于事件触发大脑的应激反应，也就有了不同的情绪。事件本身是客观的，而情绪则是主观的，所以情绪调节才成为可能，主观体验是可以被影响、被修正的。

3.情绪的机制——生理唤醒

多巴胺的分泌带来快乐，肾上腺素的分泌让人兴奋，这些生理机制直接影响着我们的情绪。抑郁症的药物治疗也是基于这样的原理，通过调整生理激素的分泌，缓解抑郁症的各种负面情绪。

让情绪流动起来

心理学家曾旻认为情绪是体内流动的液体，可以觉察到它在身体里的流动。那么情绪要如何流动？可以分三个步骤实现：

第一步，客观描述。

对产生情绪的事件进行客观描述，不做延展，不推演不联想，仅仅描述事件过程每个客观存在的事实，以及自己的所见、所听，还有当下真实的感受。这么做的意义在于告诉自己的身体，发生了哪些客观事实，给我带来了什么样的感觉，将情绪反应限定在单一事件本身，不扩散，不升级。

第二步，以第三者的角度审视情绪。

要想不被情绪干扰，最好的办法是跳脱出来，假想自己是一个第三者，用凝视的眼光注视着当下的情绪，观察它在干什么，要去向哪里。不要试图去控制它，只是观察、记录。这么做时最好通过冥想的方式，看看这个情绪要对我们的身体做些什么。在这样观察情绪很多次后，我甚至爱上了这种感觉，一种全新的视角，从未有过的体验，让我感受到情绪于我而言，似乎也只是一个客观存在的物体而已，虽然情绪是主观体验。我甚至可以引导情绪在身体里游走，因为此时，我已经将其剥离于大脑。

第三步，重启。

当情绪由主观体验转化为客观存在时（当然，这只是一种描述，情绪始终是一种主观体验），就无法再左右我们的行为，这时就可以着手行动了。跟自己的情绪说："随你去吧，我没有时间关注你了，我还有很多重要的事情要去做。"不管是走出去社交，还是全身心投入工作，总之动起来，恢复本就该进行的正常生活。

除此之外，曾旻在书中还给出了情绪重建的方法：

（1）接纳情绪，把情绪当作流动的液体；

（2）对事情进行积极的重新评估；

（3）转移注意焦点，关注事物的积极面；

（4）向下比较，不幸中的万幸，使幸福感回归；

（5）规划未来。

5.4 活得更好是我的本能

有些人认为现在的快节奏生活是造成抑郁症的元凶,然而,抑郁症其实并不是在现代社会才有,自古就存在,甚至不仅存在于人类,也存在于其他哺乳类动物。在我国云南的野生动物园里,有一只红毛猩猩名叫"培培"。它的妻子怀孕了,被饲养员带走单独喂养,猩猩培培甚是想念它的妻子,并因此产生抑郁情绪。随着文明发展,人类过上了现代化的快节奏生活,猩猩培培并没有,却依然会抑郁。这说明抑郁并不是当下环境直接造成的。

早在公元前 4 世纪,希腊的希波克拉底就提出了"抑郁"一词。人类也从未停止对抑郁症的研究,20 世纪 80 年代产生了进化心理学,主要代表人物有戴维·巴斯、杰罗米·H.巴克等心理学家。

进化心理学将人类的心理反应视作一套信息处理系统。你也可以想象它是一个软件、一个大数据系统，这个系统是在人类发展长河中通过自然选择逐步形成的，其作用是处理人类面对生存时的问题，提高环境适应性和面对危险的生存概率。进化心理学认为人类的行为和思维都具有进化的功能，即在漫长的进化过程中，我们的行为和思维方式都是为了适应环境而形成的。在这种观点下，抑郁症也被解释为一种适应性的反应。

我们的祖先在生活的环境中，会面对一些危险和不利情况，如丧失亲人、社会排斥、食物短缺等，抑郁症的症状甚至可能是有益于人类生存的。抑郁症状可以让我们更加集中注意力和精力来解决问题，减少浪费时间和资源的行为，增加对潜在威胁的警觉性，使我们能更有效地应对环境变化。

例如，当我在面对一个挑战时，抑郁症状可能会让我更加警惕和努力，更有利于快速寻找到解决问题的途径。在某些情况下，抑郁症状还可以帮助我们减少社会交往，使我们更加专注于解决个人问题，从而增加生存机会。

澳大利亚新南威尔士州大学社会心理学者乔·福加斯多次在实验中证明，在复杂的情况下，消极情绪能帮助人们做出较佳的决策。究其原因，福加斯认为情绪和认知两者之间存在错综复杂的关系，忧伤促进人们"做出最佳的信息处理策略，从而应对较为复杂的情况"。这解释了为什么忧郁的测试者能更好地判断流言的真伪及回忆过去的事情，在对待陌生人时也更客观。

前文说到抑郁症患者经常让自己陷于思维反刍螺旋中，忽略自己的成就，脑海里唯一关注的就是有什么地方做错了。尽管这种情况常常与退却和沉默（不愿与他人交流）联系在一起，但有研究证据显示不愉快的精神状态实际上可以帮助提高我们的表达能力。福加斯说他曾发现感伤能帮助人们表达出更清楚和更有说服力的句子，而消极情绪更是促成一个更具体、更适合且最终更加成功的交流方式。因为忧虑使我们对自己的写作更加挑剔，更在乎词句是否完美。正如法国著名思想家罗兰·巴特所说："能成为创造性的作家是那些认为写作是个问题的人。"

从这个角度看待，也就能理解所谓的"艺术家和疯子只是一线之隔"。

虽然进化心理学的这种解释仍然存在一些争议，但它为理解抑郁症症状提供了一种新的视角，而且是一个非常有意思的视角。

进化心理学家们还提出了一个有意思的观点。雄孔雀通过开屏来向雌孔雀发送信号，吸引雌孔雀与其进行交配。然而，孔雀的尾巴除了传达求偶的信号，也被用来传达渴求食物的信号。例如说，当母亲在身旁时，孔雀宝宝贸然发出求食的叫声就会招来捕食者，而通过尾巴传递的信息，母亲就会回应它，给予它食物。那么抑郁的情绪状态是否也可以作为一种形式，帮助人们在陷入困境时，向周围的人进行求助呢？也就是说，抑郁的情绪是一种身体发出的信号，向周围的人传递需要关注、需要"爱护"的信息，希望周围的人能满足求助者的需求。从另一层面上说，也增强了社会的联结。

所以，从进化论的角度看待抑郁，似乎给了我们一丝慰藉，原来这是人类的一种本能，我们只是想要活下来或者活得更好点。

以上这些探讨是基于人类历史长河讨论的，而不是仅仅针对现代社会，所以抛去现代社会才有的物质丰富、人口数量庞大等因素，才有利于我们更好地理解抑郁症和进化论之间的关系。

进化心理学从一个新的角度看待抑郁，让我们知道抑郁也许只是我们本能的反应。我们从不同角度了解、熟悉抑郁症的过程本身，就是一种疗愈，因为未知才是让我们恐惧的推手，熟悉了解它，可以很好地减少我们的恐惧感。而我们现在认识到，抑郁症患者并不是异类，抑郁也不是洪水猛兽，也没有那么让人恐惧，而只是我们本能的情绪反应。

5.5 和光同尘

《道德经》有云:"道冲,而用之或不盈。渊兮,似万物之宗。挫其锐,解其纷,和其光,同其尘。湛兮,似或存。吾不知其谁之子,象帝之先。"

和光同尘一词就是源于"和其光,同其尘",老子用简短的语句告诉了我们为人处世之道。世界光怪陆离,瞬息万变,人生时间维度接近百年,在岁月长河中,命运起伏在所难免,唯有保持乐观心态和正确的人生观,以体验的心态走好人生之路。

尽管和光同尘有时也被人解读为不露锋芒,与世无争,但其本意指的是一种人生境界,不是什么都不做,也不是躺平,而是不与自己较劲,做到与环境很好地融合到一起,这是一种高境界的表现。

光，是指自己好的东西得到了发挥；尘，是指自己不好的东西。光和尘是指每个人的好与不好，重点在"和"与"同"，有光与人同，有尘也与人同。

对于抑郁症患者而言，尤其需要这种心态，好与不好都是客观存在，无须否认，更无须自责，经历本身就是生活。

写在最后

抑郁症于我曾经是那么折磨,如今却似乎成了一个朋友。这听起来是不是有点不可思议,然而不得不承认,是抑郁症教会了我很多,尤其是学会感受忙忙碌碌中忽略掉的美好的事与人,去掉了生活浮躁,沉静了人生。

彼时,情绪的压抑让我接近崩溃,失眠始终伴随着那些个日夜,NBA(美国职业篮球联赛)球星科比说:"你知道洛杉矶凌晨4点钟是什么样子吗?"我想说我知道深圳每天凌晨4点钟是什么样子。看到日出我会流下眼泪,胸口始终被石头压着,感到窒息。在情绪的反反复复中,为了关心我的人,我尝试了很多方法自救,接受药物治疗,也主动配合心理干预治疗,正念疗法、认知行为疗法等心理治疗我一直在坚持。在专业心理咨询师的帮助下，我逐渐找到了纾解自己情绪的方法，生活开始一点一点地改变，健康的饮食、有规律的锻炼、自我情绪的调节，也一步步加深了对抑郁症的了解，更拓宽了我对人生的认知。今天的我似乎比抑郁症之前的我活得更通透了，更能感知到时间的存在、生命的意义，也许是知识面拓宽了，待人看事的心态更加平和，一切都是最好的安排，我要更加切实地活在每一天。

我这一路走来，从对抑郁情绪一无所知，到可以和抑郁和平共处，有付出，更有收获。内心对事物的认知变得清晰谦和，甚至改变了我的人生态度，开始懂得感恩、平等和尊重，真正做到自然、朴实、随意、和光同尘。人生还在继续，生活从未停止，也许未来还有很多不确定，但我已不再恐惧，我有信心带着抑郁上路，依然朝着美好前行。

愿你也能这样好起来。

图书在版编目（CIP）数据

我是这样好起来的 / 王伟著 . -- 成都：四川文艺出版社，2024.2
ISBN 978-7-5411-5651-9

Ⅰ.①我… Ⅱ.①王… Ⅲ.①心理学－通俗读物 Ⅳ.① B84-49

中国国家版本馆 CIP 数据核字 (2024) 第 011525 号

WO SHI ZHEYANG HAO QILAI DE
我是这样好起来的
王伟 著

出 品 人	谭清洁
出版统筹	刘运东
特约监制	王兰颖　李瑞玲
责任编辑	陈雪媛
特约策划	张贺年
特约编辑	张贺年　房晓晨
营销统筹	桑睿雪　田厚今
封面设计	璞茜设计
责任校对	段　敏
出版发行	四川文艺出版社（成都市锦江区三色路238号）
网　　址	www.scwys.com
电　　话	010-85526620
印　　刷	北京永顺兴望印刷厂
成品尺寸	145mm×210mm　　开　本　32开
印　　张	7　　　　　　　　　字　数　120千字
版　　次	2024年2月第一版　　印　次　2024年2月第一次印刷
书　　号	ISBN 978-7-5411-5651-9
定　　价	42.00元

版权所有 · 侵权必究。如有质量问题，请与本公司图书销售中心联系更换。010-85526620